翻轉學

翻轉學

# 下班後1小時的極速學習攻略

## 職場進修達人不辭職，靠「偷時間」
## 高效學語言、修課程，10年考取10張證照

李洞宰 이형재——著 林侑毅——譯

# 目錄

## 第2章 職場人的學習，從週末開始



## 第3章 最實際可行的職場人學習法

## 第4章 花最少時間、輕鬆通過考試的攻略

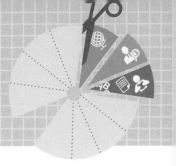

## 第5章　學習中的職場人必須具備的心態

# 好評推薦

「過去幾年來，我在線上課程及社群組織接觸了上千名學生，我發現，有些人就是能騰出時間，用有效率的方式學習，他們的祕密是什麼呢？本書總結了實用且可執行的方法，推薦給大家。」

——Evonne Tsai，Medium 作家與產品經理課程老師

「以現代人的生活型態而言，讓自己專業能力與財富翻倍的重要關鍵，全取決於你閒暇時間在做些什麼。你若能越有效率的利用自己零碎的時間，就越能『加速』自己抵達理想的目標。」

——Zoey，「佐編茶水間」創辦人

「想要讓自己的生活更好，你必須先讓自己成為更好！有計畫地運用零碎時間，像小額儲蓄般地為自己累積學習能量。」

——方植永，知名企業培訓講師與顧問

「下班斜槓不再是問題，讓你一小時超速學習。」

——水丰刀，知名 YouTuber 閱部客

「這是一套專為忙碌的職場工作者所打造的有效學習法，人人都可以從無暇學習到樂在學習，從而改變職涯與人生。」

——劉奕酉，知識型自雇者、暢銷書作者

作者序

# 讓生活充實有意義，我選擇工作之餘繼續學習

在那段月領兩百多萬韓元（約新台幣五萬多元）薪水，熬夜加班猶如家常便飯的歲月裡，我暗自決定利用工作之餘學習。那時我每天早出晚歸，光是處理主管交辦的事情，一天的時間都不夠用。進公司上班後，人生的抱負早已消磨殆盡。再怎麼努力工作，也逃離不了窩居首爾市某間小套房的命運，更不敢妄想會有手頭寬裕的一天。但是我並沒有為了結束難熬的日子而丟出辭呈，比起這種治標不治本的方法，我選擇最根本的解決辦法，那就是重拾書本學習。

就這樣，我十多年來利用工作之餘繼續學習。為了提高業務能力，我報考美國註冊會計師考試、特許金融分析師考試，雙雙通過；為了自己的未來，我也成功考取不動產經紀人執照。直到這時，我才覺得自己的生活充實且有意義。透過學習，我不但獲得了成就感，更擴

大了能夠處理的業務範圍，在職場上開始受到肯定。當然，未來的選擇也更多了。

因此，**職場人學習的重點終究要回歸到「自己」。透過學習，職場人可以在團體內贏得肯定，提高個人主張的影響力，也可以抓住能一展抱負的跳槽機會，甚至是挑戰全新的工作。**無論學習的目標是什麼，重點一定要放在「自己」。我長久以來從學習中得到的收穫，就是「追求表面成功的學習」和「讓自己更幸福的學習」完全不同。職場人必須為自己學習，也為自己的幸福學習。而且既然要學習，務必得找出事半功倍的學習方法。因為對職場人而言，學習就像是額外增加的工作量，只會讓人感到負擔。

職場人在一開始學習的時候，有一點一定要注意：絕對不能躁進！通常在決定學習並設定目標後，都會想在短時間內得到一定的成果。但是躁進是破壞耐心的最大危險因素。職場人不是學生，也不是準備就業的人，沒有非得通過考試或被錄取的時間壓力，也不必擔心會在激烈的競爭中落敗。

再說，職場人還有一個「每月薪水固定入帳」的最大優勢。職場人的這種身分不必擔心經濟來源的不穩，也不必急於累積經歷，只要全心全意投入能幫助自己成長的學習就好。讓我們朝向遠方，一步一步踏開緩慢而穩健的步伐吧！

我將這十多年來利用工作之餘學習的方法，全部寫進了這本書中。我想和讀者分享職場人最實際可行的學習方法，例如目標應該如何設定，如何邊工作邊善用時間等。

在第一章裡，我建議那些被公司業務壓得喘不過氣，最終喪失人生方向的人，試著重新開始學習。尤其希望這些人好好思考以下問題，例如該怎麼做才能找到對自己人生有益的學習，以及什麼樣的目標和人生計畫可以改變人生。

在第二章裡，我將介紹職場人可以更輕鬆投入學習的方法。工作忙碌的職場人管理個人時間的方式，將會決定其學習的效果，因此，我會談到如何分割忙碌的時間來學習，又該在什麼地方學習，例如善用週末法、下班後騰出時間法等各種訣竅。

在第三章裡，我會寫出最實際可行的讀書方法，這種方法可以減輕負擔，又能提高學習效率。我從過去利用工作之餘學習的經驗中，整理出增加學習量的方法、選擇題及問答題學習法，以及養成學習習慣的日常生活管理法。熟悉這些高效的方法後，即使只有學習一小時，也能得到極高的成果。

在第四章裡，我將進一步為準備考試的職場人說明他們所需要的策略，介紹如何花最少的時間，輕輕鬆鬆通過考試的方法。

在第五章裡，我想談談「學習中的職場人必須具備的心態」。在學習時，職場人必須抱持什麼想法，才能收穫令人滿意的成果？關於這點，我思考過許多答案，並試著整理下來。

我至今使用過的方法也許不是最完美的答案，但是希望各位下定決心學習的職場人，能夠以我經歷過的錯誤和愚笨為借鏡，更有計畫地展開學習。我也相信，最後的成果一定可以為各位的人生帶來積極正面的改變。祝福每一位翻開本書，嘗試再次挑戰學習的讀者，迎接屬於你們的勝利。

第1章

# 工作到失去人生方向，就重新開始學習

# 01 學習前先暖身，才沒有負擔

即使是現在這一刻，仍有許多職場人正在為自己的未來學習。無論是為了跳槽、辭職、退休生活，還是其他原因，許多職場人正投入大量的金錢和時間埋頭學習，這不是只有你我如此。

可是那麼認真學習的職場人，又有多少人獲得成功？上英文補習班沒多久就宣告放棄的人，在我身旁比比皆是。下定決心學習容易，實際取得成果卻不容易。如果沒有想好「要學習什麼」、「如何設定目標」，便草率開始學習，很容易就會遭遇挫折，也難以達到預期的結果。

## 學習總是失敗的原因

一位和我一樣開始上班後，瘋狂投入英文學習和證照考試的朋友說：「經過一段職場生活，我覺得整個人都被消耗殆盡了。眼下需要薪水，沒辦法辭掉工作，又覺得未來的生活一片茫然。所以如果不做點其他的事，我就撐不下去了，哪怕只是學習也好。」

在這個時代的職場人，有誰會不同意這句話嗎？身處雇用率低又不穩定的年代，職場人正抱著一顆不安的心尋找新的學習目標。但是草草投入學習，必定遭遇挫折。沒有目標的學習，甚至可能扼殺你的意志。

我一開始利用工作之餘學習，也是那樣。當時想藉由提高專業度來解決對職場的不滿。我參加過許多考試，從特許金融分析師、財金風險管理分析師等難度較高的證照考試，到Word專業級認證、電腦文書處理專業認證等大學生必備的基本證照，各種考試無不涉略，也比任何人都要努力學習，一心想要盡快考取證照。後來，我發現自己越是在職場上得不到成就感，覺得自己被消耗殆盡的時候，就越瘋狂學習，四處征戰各類證照考試。因為對自己的生活感到不滿，所以想要逃離生活，草草投入學習。

或許是因為我知道更有效率的學習方式，所以每一次的考試都順利通過，但是我的人生並沒有就此出現巨大改變。既沒有因為考取合格率低的證照，就立刻賺大錢，手上擁有的許多證照也沒有全部派上用場。這種非學習不可的茫然和不安，導致了盲目努力的後果。要是得不到任何一點成果，學習反倒可能扼殺了你的自尊心。

最後，我才領悟了一個道理：**想要透過學習充實生命的密度，最重要的是設定目標。**而在清楚設定我所要達到的目標前，必須先思考自己現在和未來的模樣。

## 三階段學習暖身操

「這個學習對我的人生有什麼幫助？」當你能夠明確回答這個問題時，才會產生學習的動力。你所設定的目標，必須是實際可行、可以達成，並且能夠內化為自己生命的目標。請試問自己，我需要的學習是什麼？為什麼非得學習這個不可？是不是因為周遭的目光而選擇學習這個？

想要樂在學習，就得先經過「暖身」的過程。不是大清早趕著上補習，就能得到好的學習成果，生命也不會因此幸福快樂。必須真正明白這個學習對自己有所幫助，也使用有效的方法學習，最後看見一定的成果時，我們才能真正樂在學習。為了達到這個目標，我們需要事先準備的過程就是「暖身」。就像冬天開車前要先暖車，才不會造成引擎太大的負擔，學習也是一樣的。

學習暖身操分為三個階段。首先必須了解現在的自己，因為未來是由現在的自己努力打拚而來的。接著是激發學習的動力，因為職場人要利用下班後或週末、假日學習，是非常痛苦的事。他們經常勉強學習一、兩個月就放棄，到了新的一年又重新下定決心學習。

這種方式學習，只是白白浪費金錢和時間。想要讓努力開花結果，必須跨越可以堅持的極限，而為了跨越這道極限，必須有

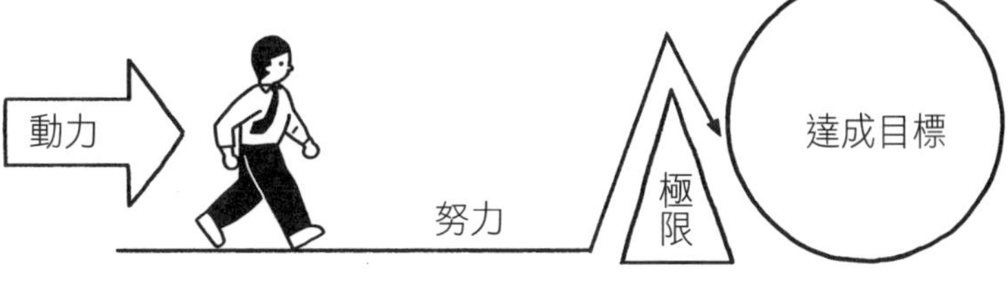


許多職場人的學習看不到成效的原因，在於無法跨越極限

充足的動力。只有滿腔熱血，不可能達成目標。最後必須知道有效的學習方法。在這一章裡，我將會介紹暖身操的第一階段和第二階段，也就是目標設定和意志強化的階段。

# 02 目標設定❶ 區分「屬於你的」和「不屬於你的」

要怎麼知道自己真正想做的事？請先試著區分「屬於你的」和「不屬於你的」。當你明確了解目前自己所擁有的，才能知道自己不足的地方，並且進一步知道自己想做什麼。為了區分「屬於你的」和「不屬於你的」，請想想以下三點。

## 現在的位置不代表你的能力

現在負責的位置（職責）不屬於你的。越是身處位高權重的位置上，人們越容易誤以為職責的權力代表自己的能力。職責只是為了方便執行業務而暫時賦予你的，不完全屬於你的。當業務結束後，你所擁有的職責必須全數歸還。今日許多職場人的特徵，就是混淆「公司賦予的位置」和「真正的自己」。「公司賦予的位置」會隨著情況改變而消失，所以這不屬於你的。在你的位置改變或離職後，依然跟著你的，才是「屬於你的」。

「你知不知道我是誰？我離開了公司，你就敢這樣對我啊？」

想必這句話聽起來特別熟悉吧？有些人把「不屬於」自己的誤以為是「屬於」自己的，才會出現這樣的反應。要是把暫時賦予自己的地位誤以為是自己的，就容易誇大自己的能力。請想想其他人對你過分親切是為了什麼，當你歸還暫時賦予自己的地位後，人們的態度將瞬間改變。

## 職場的生態不是一切

職場人一天大部分的時間都在職場中度過，自然深受職場生態的影響。當我們忙著處理眼前的問題，像是如何在公司獲得肯定與公司內部的升遷、爭取上司的稱讚時，便容易忘記未來可能發生的問題。

在職場這個團體中獲得肯定，不代表我們的未來就獲得保障。即使是號稱「鐵飯碗」的公務員，也是一樣的。根據統計，韓國一九七〇年代的平均餘命（〇歲嬰兒未來所能存活的期待生存年數）為六十二・三歲，而當時公務員退休年齡為六十五歲。今日公務員退休年齡為六十歲，而二〇一六年的平均餘命為八十二・四歲。

也就是說公務員退休後，還能多活二十年以上。即使你只打算工作到退休，還是得為日後的幸福與更充實的生活，尋找退休後要做的事。公務員都如此了，更何況是一般的上班族，這些人更需要提早為退休後的生活預做準備。

想像一下，當你在職期間熟悉了公司的生態，眼裡只看到身旁的人事物，之後離開了公司，該如何度過接下來的餘生？也許你會陷入茫然，不知道未來該做什麼好吧！這種困擾，公司可不會為你承擔。

你所屬的公司，並非你的一切。和職位一樣，在退休之後，公司也跟你毫無相干。只有在生命過程中遭遇的許多現實問題，才是屬於你的。

## 過去的成功只是過去

「恭喜合格。」

收到合格通知書的那一刻，總讓我們心情激動，因為終於看見努力開花結果。而且在得知合格的當下，所有人都會前來祝賀，不禁讓我們心中充滿「我無所不能」的幻想。但是別忘了，面對每一次的考試，我們都是從零開始。過去的成功經驗，只不過是過去的事。

誇大過去的成功經驗，將使你誤以為自己即將升遷到較高的位置，所有工作無往不利，並且隨時都能以優秀的條件跳槽到其他公司。甚至期待著在公司好好待到退休，就能保障日後美好的生活。

但是目標只是目標，在目標尚未達成之前，都還不屬於你的。你以為容易通過的考試，實際準備起來卻是困難重重。憑藉過去成功的經驗，就以為這次也會順利通過，這種毫無根據的期待只會阻礙你的成長。在你開始任何一項新的挑戰前，一定要忘記過去成功的經驗，從頭開始準備才行。無論是準備證照考試、準備離職，還是學習新的第二外語，都是一樣的。在最初開始的時候，應當客觀評價自己的實力。真正認知到什麼是屬於你的，才是成功的開始。

現在起，請好好思考什麼是「自己所擁有的」。試著仿照下表，整理出「屬於你的」和「不屬於你的」吧！如此一來，必能幫助你掌握自己目前的情況。

思考自己所擁有的

| 屬於你的 | 不屬於你的 |
|---|---|
| 業務經驗與經歷<br>自學的所得<br>考取的證照（例如：不動產經紀人等）<br>支持你的人（例如：家人、同事等） | 目前在公司內的職位（例如：事務官）<br>個人對公司的貢獻（例如：報告、業績）<br>升遷考核合格（每間公司不同）<br>業務上往來的人（例如：客戶公司的員工） |

# 03 目標設定❷ 有效設定目標，讓成功率提升

知道了什麼是屬於你的，接下來就要知道自己的期望，這樣才能找出未來要做的事，而未來努力的方向也全繫於此。現在起，找出自己期望的目標吧！首先，我們必須了解現在的自己和目標之間的距離，找出能夠努力的方向來縮短這個距離。同時也要分析過去的自己，以作為邁向未來的借鏡。

## 縮短目前和目標之間的距離

夢寐以求的生活和目前的生活，永遠存在距離。想要縮短這個距離，該怎麼做才好？首

先，把你期待的生活和目前正在做的事寫下來。想想你對自己的期待，是在目前的公司爬到較高的位置？是從事對社會有所貢獻的事？還是花更多時間陪伴家人？或者享受更多獨處的時間？唯有了解你期待自己變成什麼模樣，才能決定努力的方向。

如果你只知道未來的目標和現在的自己存在距離，卻沒有任何行動，懵懵懂懂地過日子，那麼一年、五年，甚至十年的時間，轉瞬間就會流逝。流逝的時間越多，目前和目標之間的距離越大，最後你只會對自己越來越失望。**想要縮短這個距離，當務之急是正視目標和現實之間存在的距離。試著把你期待的生活和目前正在做的事寫下來，如此就能看清目標和現實之間的距離。**

## 從過去的經驗尋找原因

思考過對自己的期待和目前正在做的努力後，你的感想如何？你可能覺得自己已經做得很好了，也可能覺得自己還有許多不足。如果覺得現在的自己做得不夠，原因會是什麼？是否可以從過去的經驗中找出原因？

以前我非常討厭英文，所以我盡可能選擇能大幅減少學習英文的時間，又能得到不錯成績的學習方法。現在我的英文能力達不到我的期待，原因就在於過去的錯誤。直到在職場上，偶爾和外國客戶開會或聯繫業務時，才覺得「要是自己的語言能力再好一點就好了」。

那一刻起，我終於切身感受到英文的必要性，而這也成為了我設定英文學習目標的契機。我之所以能夠考取美國註冊會計師等多項美國證照，也是因為精準設定了英文學習的目標。像這樣回顧過去後悔的事情，才能發現自己之所以變成現在這樣的原因。你是否有過後悔的事？那麼，請把當初為何那麼做的原因寫下來。這將會是你了解自己未來希望變成什麼模樣的依據。

任何人都可能活在後悔之中，不過要是把後悔看作是包袱，就很難繼續向前走。與其讓現在能力不足的自己活在對過去的後悔中，不如把後悔變成努力邁向美好未來的基礎。我認為要設定目標，應該先從「肯定過去的後悔」開始。

## 整理未來該做的事

現在，你已經寫好對自己的期待和目前正在做的事情，也已經從過去找出自己無法達到期待目標的原因。既然已經掌握了現況與原因，接著該想想未來要做的事了。請仿照下表將這些事記錄下來。

在「我對自己的期待」中，描繪的是一個「生活精采有意義的模樣」。想讓自己未來的生活過得精采且有意義，該怎麼做才好？方法有很多，例如在處理業務時親切公正、學習業務相關知識等。

如果對應的方法目前正在執行，請填寫「執行中」；（雖然現在沒放在心上，

**達成個人目標的具體實行方案**

| 我對自己的期待 | 實行方案 | 實行與否 |
|---|---|---|
| 在處理業務時親切公正 | 不接受拜託、不收受禮物 | ○ |
| 學習業務相關知識 | 翻閱最高法院最新判決案例 | ○（每個月） |
| 閱讀各領域書籍 | 人文、自我開發 | ○（一年十本） |
| 學習英文 | 準備托福考試 | ×（立刻執行） |
| 持續運動 | 每週上健身房三次 | ○（每週三次） |
| 膚質管理 | 每天敷一片面膜 | ×（立刻執行） |
| 旅行 | 未安排 | 為什麼想旅行？ |

但是）可以立刻執行的事情，請填寫「立刻執行」；至於需要更多時間準備的事情，也請寫下概略的目標。假設你以英文學習為目標，就得決定在多久的時間內讀多少書，把實力提高到什麼程度，用多益、托福、雅思等官方英文檢定考試成績當目標也可以。

如果你不知道未來具體要做什麼，不妨把「實行與否」空下來，再仔細想想「我為什麼要做那件事」。無論如何，最重要的是利用這種方式，幫助你整理未來該做的事，接著設定計畫，付諸實行。

## 設定目標讓自己前進的祕密

哈佛大學曾進行一項實驗，分析目標對人生造成的影響。他們向知識程度、學歷、生活環境等條件相似的青年詢問未來目標，並在二十五年後調查他們的社會地位。結果顯示，沒有目標的兩成七青年如今淪為底層；擁有目標卻不明確的六成青年，如今居於中下階層；目標明確卻只有短期規劃的一成青年，如今已是律師、醫師等各領域的專家；目標明確且有長期規劃的青年只有百分之三，他們不是白手起家，就是成為社會上影響力極大的人物。

沒有哪一種努力是沒有目標的。**做任何一件事必然都有其原因，而目標中「有多少自己的想法」，決定了你努力的程度。這個乘載著個人動機的目標，將督促你繼續向前邁進。**

假設你正規劃這次暑假出國旅行，為了避免休假行程出現問題，你會盡最大努力及時完成手邊工作；為了避免休假期間接到公司的電話，你也會謹慎地完成交辦任務。雖然專心投入工作耗費心神，但是越靠近休假（目標），你的心情越好。

反之，假設你工作的目標只是為了達到公司年度營業額，情況又是如何？也許在工作態度上就有所不同，不像為了自己的旅遊而工作那樣積極。即使是處理相同的工作，目標是否由自己設定，將會影響工作的態度。由此看來，當我們想要達到由自己設定的目標時，辦事效率自然會提高。

## 設定目標的三個優點

第一，讓你了解學習是為了自己。還有比職場人更討厭學習的人嗎？多數人原本熱衷學習，開始上班後也想繼續學習，卻一點也提不起勁。儘管如此，每到升遷考核時，仍不免要臨時抱佛腳。因為考試攸關升遷，不得不用心準備。換言之，在出現「學習有利於我的人生」的動機時，我們才會主動學習，而設定具體目標就是激發這種動機的關鍵。

第二，有助於享受學習的過程。我們這一生並不是為了學習而活，所以只要學習該學習的，其餘必須果斷放棄。只有符合自己所設定的目標的，才是必要的學習。光是進行必要的學習，你就能發現自己正逐漸變成期待的模樣。這麼一來，你將會越發享受學習的過程。就像出發旅行的日子越來越近，心情越來越好一樣。只要像這樣稍微改變學習態度，你就能享受學習的過程。

第三，知道什麼是必要的學習。如果不知道整體的方向，就無法決定未來該做的事。當你設定好目標時，才能清楚看見什麼是必要的學習。

# 04 目標設定❸ 到底該學什麼好？

我們在前面已設定好目標，立定人生方向，並下定決心學習了。但這一刻又遇到了新的困擾：「該學什麼好？」「該考取什麼證照好？」「如果要考試，該選擇什麼科目學習最有利？」做出選擇後，還有另一個選擇等著我們的決定。我自己也在學習的過程中面臨各種選擇，經過再三考慮後才做出選擇。接下來要分享的，是我在這個經驗中獲得的啟發與教訓。

## 任何一個選擇都沒有正確答案

無論做了什麼決定，任何人都不會知道那是正確的選擇還是錯誤的選擇，也沒有人知道如果做了另一個決定，又會出現什麼樣的結果。即使時過境遷，也很難保證那是最好的決定。只能就這個選擇帶來的結果，判斷選擇是否正確。

不少晚輩向我詢問未來發展的方向。其實站在給予建議者的立場來說，我也不知道什麼才是最好的。在他們選擇的時候，我能做的只有提供所有必須考慮的因素，從旁協助當事人思考。有一次，一位大學學弟告訴我他正煩惱是否要考公務員，想聽聽我的建議。他問我挑戰公務員有沒有可能成功，如果通過考試，他該做什麼才好。不過可惜的是，他提出的每一個問題我都無法給予明確的回答。

我怎麼能向他保證一定會考上？我可以給他的建議，只有「認真準備考試」。就算通過公務員考試後，也是一樣的。同樣是考上公務員的人，未來的出路不同，得到的成就感也不同。所以我沒辦法斷言什麼選擇是最好的，我能說的只有事實，客觀地告訴他公務員的薪資或每天的行程、實際從事的業務。

如果學弟對公務員這樣的職業，或是對公務員考試有所誤解，我也能藉此機會澄清。但是這些建議只能稍微幫助他做決定，最終選擇權在他手上。因為選擇的結果和責任，全都得由當事人承擔。所以在詢問別人之前，請先問問自己想做什麼。

## 以個人價值判斷為優先

在開始學習時，有個最令人困擾的問題：該選擇自己想要的學習，還是選擇能實際取得一定成果的學習。即使是準備證照考試，也得煩惱是對自己二度就業有幫助的證照，還是只考自己想考的證照。

這種時候，就得思考什麼是你看重的價值。價值判斷是相對的，看重自己想做的事也好，看重對現實有益的事也罷，都是非常主觀的。就我而言，最看重的是能提高自己專業度的學習，所以我選擇進入租稅審判院，並且考取會計和不動產相關證照。

不知道自己看重的價值是什麼，又沒有目標的人，很容易受到旁人意見的影響。想要脫離選擇障礙的泥淖，必須確實知道自己最看重的價值，並以此做出判斷才行。如果你希望做出不會後悔的選擇，請好好思考以下兩點。

第一，**檢視實現的可能性**。有些人聽從別人建議做自己想做的事，結果選擇了實際上根本辦不到的事。當我們在做決定時，最重要的因素是實現的可能性。假設以職場人的身分準備註冊會計師考試，實現的可能性有多高？多數職場人也許只讀了幾科，就會覺得太辛苦而放棄吧！當初我之所以準備美國註冊會計師考試，也是因為實現的可能性。美國註冊會計師考試要學習的分量，比韓國註冊會計師考試還少。我們不能因為更看重自己喜歡做的事，就不考慮實際的限制條件。因為要是那麼做，有可能落入失敗的惡性循環中。

第二，**如果沒有特別想做的事，不妨選擇多數人的選擇吧**！例如某些考試有選考科目，那就選擇最多考生選擇的科目。越多人選擇，代表有助於考試的資料越多。此外，許多人選考的科目如果出題難度較高，受影響的人也會較多，自己落榜的危險自然減少。

之所以有許多人選擇，必然有它的原因。如果你的人生中沒有什麼重要或特別的喜好，最安全的決定便是跟隨眾人的選擇。

## 人們大多對沒做過的事感到後悔

試過之後感到後悔和沒試過而感到後悔，這兩種情況哪一種更令人後悔？假設你有一個喜歡的對象，當你向對方表白心意卻遭到拒絕時，也許會有那麼一瞬間感到後悔，「啊，早知道不說了。」反之，當你不曾向對方表白時，未來也許會逐漸感到後悔，「啊，要是那時候說出口就好了。」想想看，哪一種情況更令人後悔？

翻開羅賽（Neal Roese）教授的《但願：如何將懊悔轉為機會》（*If Only : How to Turn Regret Into Opportunity*），書中比較分析了「對所做行為的後悔」和「對未做行為的後悔」。作者認為，當人們回顧整個人生時，對於沒有付諸行動的事情感到更強烈的後悔，例如沒有開口表白、沒有換工作、沒有好好照顧朋友等。

在我們身邊也有不少這類情況，像是升大學時，沒有選擇自己的喜好，而是根據大考成績選擇了完全不同的專業。直到開始上班後，心裡才產生疑問，「要是那時候選擇了想讀的科系，現在又會過著什麼樣的生活？」

**既然都是後悔，嘗試過後才後悔不是更好嗎？所以每次給別人建議時，我總會告訴對方「先做自己想做的」。因為當你真正嘗試過自己想做的事，才會真實感受到人生掌握在自己手中。**

## 任何的選擇都與失敗無關

選擇了自己想做的事，不保證一定會成功。「我選擇了自己想做的事，如果拿不出成果來，那該怎麼辦？」「那時候我承受得了隨之而來的挫折嗎？」

大學入學考試時，我申請了首爾大學和延世大學。其實我大考的成績低於兩間學校的最低錄取標準，必須在筆試或書面審查補上不夠的分數，才有可能得到入學許可。最後，在筆試和面試相對表現較好的首爾大學錄取了我，而延世大學則不予錄取。

就像人與人之間有緣分一樣，我相信我和我想達成的某個目標之間也有緣分。當然，透過努力可以更靠近目標一點。我也是勤奮苦讀，提高了考進理想學校的可能性。但是在選擇過後，結果將如何發展，已經不是我能掌控的了。只能說錄取我的學校和我有緣，而不予錄取的學校和我無緣。

任何的選擇都無關失敗。如果你已經盡了最大的努力設定明確的目標，並且經過深思熟慮後，做出最適當的決定，那麼這個決定已無關失敗。**不是你的決定錯誤，只是你和目標無緣。**不必再對此感到挫折。

## 利用有限的機會盡快做出決定

不少人在大學期間受朋友影響，既想做這個，也想做那個，猶豫不決間平白浪費了時間，最後什麼考試也沒有通過。於是幾年來三心二意，學習馬馬虎虎，陷入怎麼考試都失敗的循環。繼續這樣下去，可以選擇的機會和選項將逐漸減少。

難道選擇了其中一個，就不能選擇其他的嗎？不是的。**審慎選擇固然重要，但是人生不是只有唯一的選擇**。所以請好好檢視自己目前的情況，找出可以利用的機會吧！我有一位朋友考進統計系，利用雙主修的機會攻讀經濟系，最後當上註冊會計師。他在會計師事務所工作一段時間後，又成功考取律師證照，目前擔任律師。我自己也抓住了公務員考試的機會，比一般人早考上公職，才有時間和經濟上的餘裕學習新的事物。

盡快掌握一個機會，那麼下一個機會就在不遠處了。而且一旦你做出決定，最好盡你所能努力，千萬別再回頭。那才是創造新的機會的方法。

## 選擇學習內容的三原則

1. 以個人價值判斷為優先。
2. 機會來了就要抓住。
3. 挑戰過再後悔吧！

05

意志強化❶

# 學習也講究斷捨離

學習也講究斷捨離，學習不是一切以量取勝。簡單來說，只要學習自己需要的就行，也只要思考自己人生需要的就好。因此在這之前，必須先整理好心中的想法。

## 思考你真正想要的

從幼兒園、國小、國中、高中、大學到準備就業，我們學習的歷程長達數十年。即使苦讀考上大學，也好不容易找到了工作，身上依然貼著「終生學習的標籤」。我也不例外。

為什麼我們無法逃離「終生學習的泥淖」？這是因為一開始目標就錯了。這個社會設定了太高的目標，一方面放大我們不足的部分，要求我們持續學習，一方面把「生活富裕的人」、「地位崇高的人」、「絕頂聰明的人」視為「成功的人」，強迫我們追求更高階的生活。不斷提高目標、放大不足之處的結果，我們這輩子只能被終生學習追著跑。換言之，我們成了永遠能力不足、「有待開發」的人。

想要逃離終生學習的泥淖，其實並不容易。它就像人們常說的「別人家的孩子」一樣，終其一生跟隨著我們、折磨著我們。或許你有時候會想，「為什麼社群網站上那麼多生活精采、優秀傑出的人？」「為什麼我一輩子努力學習，卻不曾有過像他們那樣風光的時候？」但是這樣不斷和他人比較，進而把更大的成功當成目標，只會讓你更難從終生學習的泥淖中脫身。所以別再管別人怎麼說了，先想想自己要的是什麼吧！這麼一來，你才會知道自己哪些地方有待開發。

## 跳脫什麼都要做到最好的強迫症

達到某個目標後，等著我們的是下一個新的目標。如果一生都追著目標跑，好比求學期間考到班上第一名後，下一個目標便是全校第一名那樣，那麼我們將在不知不覺中感到不安，覺得「什麼都不做就會落後別人」，於是急著設定目標來減少不安。

想要脫離這種強迫症，就得在我們尋找理想的過程中，劃定要學習到何種程度的界線。我自己也考取不少證照，不過並不是拿到這麼多證照，就都能派上用場。如果你因為什麼都要做到最好的強迫症而學習，那只是徒增自己的痛苦。

## 拋棄讓你失去重要價值的學習

我們在學習的過程中，反倒有不少時候錯過了重要的價值。例如一位職場人A決定攻讀研究所取得碩士學位，但是上夜間部碩士課程，讓他白天無法集中精神在工作上，犯下的錯誤越來越多。每到研究所有課的那天，如果公司的業務沒處理完，也只能麻煩同一組的其他同事。長久下來，不但在公司的名聲越來越差，也由於疏忽了家庭，配偶和孩子開始感到厭煩。

雖然攻讀研究所是好事，但是必須考慮到碩士學位的價值是否大於公司、家庭。**像這樣因為學習而錯過身邊重要價值的情況，經常出現在我們的生活中。如果這個學習無法讓你守住珍貴的價值，應懂得果斷放棄。**

## 區分現在和未來

要達到有效的學習，必須分清楚「現在該做的事」和「未來我所需要的」。對於升遷考核這類「現在該做的事」，應思考可以最快達成的方法；對於「未來我所需要的」，只要穩扎穩打地學習就好。

假設你的目標是提高英文實力，就需要每天利用上下班零碎的時間學習，一點一滴累積實力。**如果是現在不需要，未來也沒有任何幫助的學習，請全部捨棄。**那些很可能只是「別人說學起來放也好」的學習，或是你認為「反正就試試看也好」的學習。

# 06 意志強化❷ 建立一有時間就學習的習慣

工作越久，越深切感到學習的重要。想要過上幸福的退休生活，或者想要脫離令人厭煩的職場，都需要學習。但矛盾的是，越是感到學習的必要，學習卻變得越困難。

一位準備美國註冊會計師考試的好友說：「這個考試好像不是已婚的人該碰的。」已婚的人要注意的事情、要做的事情都多，很難全心準備考試。人生的階段越往上爬，要處理的事情越複雜，可以學習的環境越惡劣。換言之，年紀越大，妨礙學習

年齡越大，障礙物越高

的外在因素越來越多。

更別說職場生活忙得天翻地覆，這時學習並非當務之急，所以職場人總是把學習放在心裡而沒有付諸行動。因為就算現在不學習，生活也不會立刻陷入困頓。不過要是你已經下定決心學習，並且這個學習也符合你的目標，那麼最好盡快開始進行。以下將深入說明現在要立刻開始學習的原因。

## 考試難度越來越高

這是為什麼要早點開始學習的首要原因。越多人想要通過的考試，考題只會越來越困難，因為競爭較激烈的考試為了增加辨別度，出題難度自然會提高。出題越困難，越可能考非常瑣碎的知識或新的領域的知識。而補習班為了應付新的考題，只好教更多的內容。如此一來，考試為了提高辨別度，又會出得更難。這種過程反覆幾次後，考試題目的難度將瞬間提高。

其實近十年公務員考試、註冊會計師等專業證照考試的準備量，已經比過去增加了兩到三倍以上。特許金融分析師、美國註冊會計師等外國證照考試，情況也相去不遠。隨著考生人數增加，這些考試出現範圍變廣、難度提高的趨勢。無論如何，越早開始學習並通過考試，脫離考試世界的人，才是最終的贏家。

## 比學習更險惡的社會生活

人們常說：「讀書最簡單。」這也是張承守律師在一九九六年出版的書名，他在高中畢業後半工半讀，做過的工作有桶裝瓦斯送貨員、計程車司機等，最後以榜首考入首爾大學法律系。

我不認為讀書很簡單，不過職場生活確實比學習複雜、困難。學習只要朝著合格這個唯一的目標努力就好，職場生活不同，不但要表現給許多人看，有時還需要一些運氣，而且許多事都不在自己的掌控中。所以在職場上，一定好好打造這件名為「能力」的鎧甲。

在現今這個社會，能力不可或缺。如果心中只想著「靠父母出面就能找到工作了」、「只要大學前輩發展得不錯，我就能跟著找到好的工作」，這種安逸的想法最終必定遭遇失敗。單憑運氣和靠山，發展一定會有侷限。就算靠運氣和靠山找到工作或升遷，上司或下屬也不會相信或尊重沒有實力的你。

我從求學階段至今，從沒有停止過學習，甚至比別人還認真學習。我覺得自己做得最好的，是一有時間就投入學習的習慣。無論如何，從現在就開始學習吧！請記住，職場人不是隨時都有機會學習的。

**面對人生二度學習，以下四點幫你強化意志力**

1. 尋找身邊有實力的前輩或同事。
2. 階段性啟動學習。
3. 從有興趣的領域下手，提高學習的意志和興趣。
4. 停止生活中無意義的行為。

# 讓職場人學習失敗的四大原因

許多職場人為了增加競爭力，無不積極投入自我開發。今日的社會，已經進入了「啟發型職場人」（Saladent; Salaried man + Student）的時代了，無數職場人抱持強烈的意志投入學習，然而成功者寥寥無幾。原因何在？

## 先後順序設定失敗

職場人學習的時間明顯不足。可以不放棄某種程度的社交活動和休閒活動，又能兼顧學習，這種事在現實生活中不可能存在。在學習期間，必須放棄順序排在較後面的活動。舉例來說，如果想要守住學習的時間，對職場同事或親友的婚喪喜慶就必須設定出席的限度。

比較令人意外的是，職場人在學習期間，經常沒有依照先後順序行動的習慣。如果有誰覺得不必有所犧牲，「只要利用時間學習就行了」，這種想法無疑是邁向失敗的捷徑，甚至可能讓你的社交生活和學習雙雙落空。

## 挑戰爬不上去的樹

雖然這句話聽起來理所當然，但是請你務必準備有機會通過的考試。其實當你準備範圍較大的考試時，即使再怎麼努力，也可能得不到合格的結果。職場人在準備考試時，就算拚盡全力，通過考試的可能性也非常低。

「我是某某學校畢業，還進到某某企業工作，這種程度的考試還過不了嗎？」有些職場人抱持這樣的想法，從不考慮自己可以準備考試的時間，一味設定高不可攀的目標。以這種方式設定目標，將可能面臨失敗的結局。我服役於軍官學校時，見過幾位同袍準備考試的情況。其中部分同袍準備難度非常高，甚至每天學習都不見得能通過的考試，最後全部失利，只有和我一起準備勞務士考試的同袍通過。

由此可見，職場人在下定決心學習前，必須明確了解現實的限制條件。先計算可使用的時間有多少，再衡量要準備的考試需要多少時間學習。換言之，先考量工作量、上下班時間、週末是否工作等條件後，計算可用於學習的時間；接著參考網路部落格的分享或考試合格經驗，粗估通過考試所需的學習時間；最後判斷自己能否空出足夠的學習時間來達成目標。

## 完美主義作祟

職場人準備考試，最好「隨便應付」。什麼？隨便應付？學習可以隨便應付嗎？這句話的意思，是指學習時不必理解所有考試內容。一般來說，證照考試的應考科目有許多專業的知識。能充分理解所有科目當然是最好的，不過那樣將會消耗大量時間和精力。如果你下定決心要仔細理解考試內容，甚至讀完非常瑣碎的部分，那麼這個學習將難以堅持到終點。無法理解時，只要默背下來去應試即可。如果是自己感興趣的領域，也想藉此累積一定的專業度，等考試通過後再學習也不遲。

通過考試遠比考試成績重要。與其追求滿分，不如把學習目標放在所有科目達到及格線。例如想通過韓國不動產經紀人考試，在滿分為一百分的情況下，必須所有科目達到四十分，全部科目平均超過六十分才行。抱持通過低標的決心分散準備各個科目，才是邁向「合格」的捷徑。

即使不是考試，在學習其他事物時，也只要做到勉強達成個人目標的程度就好。有不了解的部分，只要知道問題所在就可以跳過。**當職場人的學習出現壓力的那一刻起，學習便注定失敗。**

## 喪失學習的意志力

隨著時間的變化，情況也不斷在改變，就連學習的必要性也日漸不同。例如為了升遷而學習中文，等到升遷之後，通常再也沒有閱讀中文書籍的必要了。

這也經常發生在準備多階段考試的考生身上。尤其是應考特許金融分析師，必須通過一、二、三級，而一年只能參加一次考試，到合格前最少要花費三年。我身邊的職場人大多準備到一、二級，便中途放棄。這完全有可能，因為職場人更多面對的是阻礙學習的事，而不是有助於學習的事。有時是跳槽、辭職，有時是結婚、生子，雜七雜八的事情接踵而來。這種時候，必須重頭設定目標才行。重新檢討自己想做的事情和目標，找回學習的欲望，並且重新制定作戰策略。

第 2 章

# 職場人的學習，從週末開始

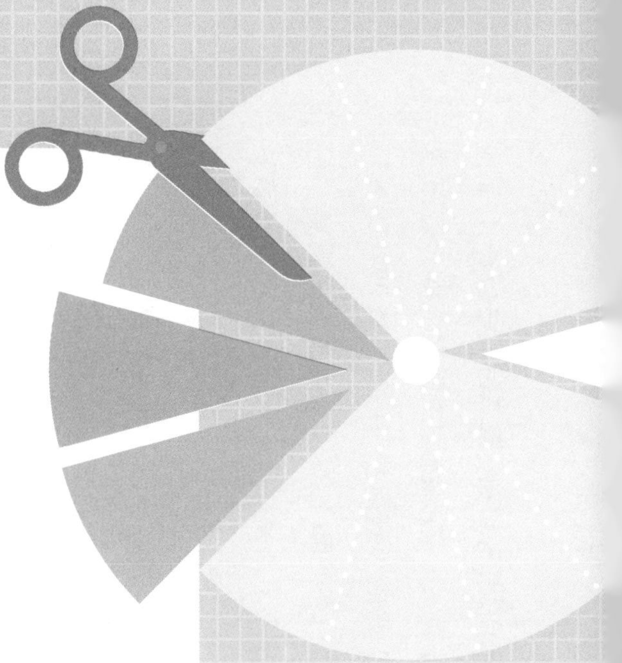

# 07 專為忙碌且討厭學習的職場人設計

對於樂在學習的人而言，學習肯定是件幸福的事，但是對於沒有空閒時間的平凡職場人而言，學習自然是「避之唯恐不及的事」。所以能花費最少時間，又能達到效果的學習，當然是最重要的。

「要通過〇〇考試，得花多少時間啊？」因為我一邊工作，一邊又通過許多考試，所以身旁的人經常會問我：「要學習多久才能看見成果？」需要多少的學習量才能取得成果，取決於考什麼試、怎麼考、誰來考。學習得越多，就能越快取得成果嗎？

美國伊利諾理工學院（Illinois Institute of Technology）心理系教授雷蒙・范・澤爾斯特（Raymond Van Zelst）和威勒・柯爾（Willard Kerr）研究他們的同事，調查他們的研究習慣和工作，發現每週在研究室待二十五小時和待五小時的科學家的論文篇數並不相同。而每週工作三十五小時的科學家，產出的成果竟是每週工作二十小時的同事的一半。學習也是一樣的，大量的學習時間不保證就能獲得成果。

我在準備各種考試時，經常練習「盡可能少量學習」，藉此思考哪些因素決定了少量而高效、高密度的學習策略。測試的結果，我將高效學習必要的要素總結為四點：時間安排、場所選定、學習方法以及生活管理。想要達到高密度的學習，必須有效管理這四點要素。

## 什麼時候學習？

比起投入大量的時間學習，我們更需要的是在有限時間內提高效率的練習。事實上，許多人一邊說自己沒有時間學習，卻又不思考如何努力

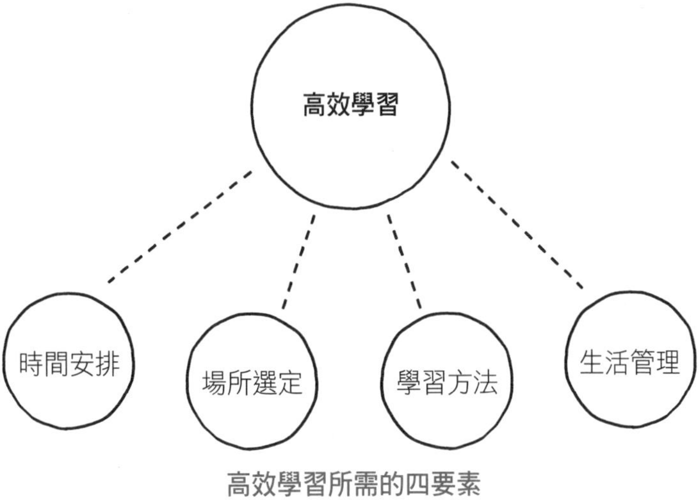


高效學習所需的四要素

和學習的方法，平白浪費大把時間。

這個世界上有誰沒有臨時抱佛腳過嗎？仔細想想，比起考試前幾天就開始準備，考試前一刻準備更記憶猶新。也許「時間緊迫」要比「時間充分」更有助於通過考試。相較於長時間的學習，懂得有效善用有限時間，才是獲得絕佳成果的方法。

想要高效學習，職場人必須妥善分配週末和平日的學習時間。從現在起，我將會以個人的經驗為基礎，向各位讀者分享有效安排、管理時間的方法，以及如何輕鬆熟悉這些方法。

## 在哪裡學習？

職場人的學習和學生的學習不同。職場上無法一整天學習，只能利用零碎的時間學習；職場人無法每天學習，只能集中在下班後或週末學習。因此，不必非得在固定的場所學習。想要有效學習，必須認真思考適合自己學習的地方在哪裡。

## 該如何學習？

許多職場人盲目報名補習班後，因為加班和聚餐等原因，只能中途放棄學習。其實他們也買了不少書打算好好學習，卻從未翻開閱讀。有時他們因為某些動機開始學習，真正讀了十幾二十頁後，對書本厚重的分量感到厭煩，學習的動機又立刻消失。

利用函授課程學習時，覺得內容似乎都能理解，到了實際解題時，卻又什麼也想不起來。準備考試更是如此，考試要背的內容何其多呀！那麼多東西，其他人究竟是什麼背下來去考試的？真叫人難以理解。

職場人想要培養學習的樂趣，必須學會更正確的方法後再學習，例如書本該如何閱讀？該如何默背？如果目標是考試，又該如何準備才好？熟悉學習方法後，就能在有效學習的同時，獲得不錯的成果。

# 如何調整身心理狀態？

對職場人來說，光是自己正在學習的這個事實，就足以構成極大的負擔和壓力。如果是準備考試，一旦消息在公司裡傳開，身邊不斷投射來的關心，也讓人壓力倍增。學習開始的階段可能感受不到，不過隨著時間的流逝，壓迫感將越加沉重，也可能變得神經質。朋友的一句話、一點噪音、路上和我擦肩而過的人等，這些微不足道的事情都令人煩躁。

越是這種時候，越需要管理好日常生活中的一些習慣，了解處於學習狀態的職場人該如何鍛鍊體力，如何管理睡眠，又該抱持什麼樣的態度持續一個人的學習。調整身心理狀態和管理好體力，是學習中的職場人必備的條件。妥善管理上述條件，保持好心情面對學習吧！

# 08 時間管理❶ 精進一門學問需要花費的時間

要徹底學好一件事，需要花費多少時間？根據當下情況、目標、個人能力的不同，學習所需的時間也不同。想要達到高效學習，必須計算該學習所需的時間，做好時間的安排。

麥爾坎．葛拉威爾（Malcolm Timothy Gladwell）在《異數：超凡與平凡的界線在哪裡？》（*Outliers: The Story of Success*）中，介紹了神經學家丹尼爾．萊維坦（Daniel Levitin）的研究結果——無論什麼領域，想要成為該領域的世界級專家，必須付出一萬小時的練習。該研究結果指出，無論是作曲家、棒球選手、小說家、滑冰選手、鋼琴師、西洋棋選手、手法高超的犯人，還是在此之外的領域，只要不斷深入鑽研，就能達到相當的成就。

換言之，要成為一個領域的專家，必須花費一萬小時。一年大約有五十二週，假設一週學習二十小時，一年就相當於學習一〇四〇小時。必須這樣持續學習十年，才能達到一萬小時。想到這裡，不禁出現這樣的疑問：難道學習任何事物，都必須花費一萬小時嗎？那麼職場人究竟該如何規劃學習時間？

## 職場人能學習到一萬小時嗎？

一般職場人能在十年內學習到一萬小時嗎？既要工作，又要兼顧休息，還得照顧家人和自己的健康……那麼，在開始上班後仍堅持學習十餘年的我，真的學習了一萬小時嗎？

下頁表計算的所需時間，是我概略計算二〇〇七年至二〇一六年間純粹用於學習的時間，已經扣除了開始學習前的資料收集和準備時間。因為是概略計算的結果，實際投資的時間應該大於三八五〇小時。儘管沒有學習到一萬小時，我仍然考取許多證照，也確實學習到業務上必要的知識。普通職場人即使不必學習到一萬小時，也能充分獲得成果。學習當然需要投入最基本的時間，不過時間不必一味求多。別給自己太大的壓力。

### 我十年來學習的時間

| 年度 | 學習內容 | 所需時間 |
|---|---|---|
| 2007 | Word 專業級認證合格<br>電腦文書處理專業認證合格<br>MOS 大師級認證合格 | 5 小時 ×12 週 =60 小時 |
| 2008 | 特許金融分析師（CFA）一級合格 | 300 小時 |
| 2009 | 財金風險管理分析師（FRM）合格 | 600 小時 |
| 2010 | 特許金融分析師（CFA）二級合格 | 450 小時 |
| 2011 | 特許金融分析師（CFA）三級合格 | 600 小時 |
| 2012 | 業務相關學習（英文、法學等） | 10 小時 ×20 周 =200 小時 |
| 2013 | 修完網路大學 12 學分（4 門課） | 2 小時 ×15 週 ×4 科 = 120 小時 |
| 2014 | 業務相關學習（稅法） | 20 小時 ×8 週 =160 小時 |
| 2015 | 美國註冊會計師（USCPA） | 20 小時 ×50 週 =1000 小時 |
| 2016 | 不動產經紀人合格 | 20 小時 ×18 週 =360 小時 |
| | 總計 | 3850 小時 |

※ 特許金融分析師（CFA）考試的準備時間，以補習班（epasskorea 官方部落格：www.epasskorea.com/）提供的學習時間來計算；其餘考試的準備時間，則以聽課花費的時間、個人經驗為依據概略計算。

## 試著根據學習目標計算學習時間

每週平均閱讀二十小時，維持十年之久，再怎麼想都不容易。試試更輕鬆的方法吧！請根據具體的學習目標，計算學習所需的時間。以下以我個人的情況為參考範例。

首先，如果你是透過函授課程修讀大學學分，或是因公司政策而**必須修讀函授課程的情況，最好制定盡可能不影響日常生活的時間計畫。相較於平日，更應優先利用週末上午或剩餘時間學習。**例如週末上午學習三小時，晚餐後複習一小時左右的學習方式。晚間複習上午學習的內容，可達到學習兩次的效果。平日完全不必在意學習。職場人工作已經相當忙碌，最好盡可能減少學習造成的壓力。

### 函授課程學習時間

| 星期 | 一 | 二 | 三 | 四 | 五 | 六 | 日 | 總計 |
|---|---|---|---|---|---|---|---|---|
| 小時 | | | | | | 4 | 4 | 8 |

證照考試的學習時間各不相同，到合格前花費的時間，從最少數月到最多數年都有。想要持之以恆地學習，就必須規劃適當的學習時間，既不造成體力上太大的負擔，又能得到一定程度的學習效果。我建議每週學習二十個小時左右，因為每週二十個小時是職場人可以長期且大量學習的標準學習時間。

利用平日三天左右，每次三個小時左右的時間學習吧！例如利用上下班的時間學習一小時，下班後學習兩個小時左右，晚上十一點前結束當天的學習。這麼一來，才可以在稍微休息後，於午夜十二點前就寢。週末也請分成上午和下午學習，一天學習六個小時左右。這樣不但不會對體力造成負擔，也能大幅提高學習量。

**證照考試學習時間**

| 星期 | 一 | 二 | 三 | 四 | 五 | 六 | 日 | 總計 |
|---|---|---|---|---|---|---|---|---|
| 小時 | | 3 | | 3 | 2 | 6 | 6 | 20 |

如果是學習英文、中文等語言，最重要的是持之以恆。在平日利用上下班時間學習一個

小時左右，週末利用上午去補習班或收看函授課程，這種學習方式最有效果。如果你的學習是為了取得多益這類官方檢定考試的成績，最好在準備考試期間隨時調整學習時間。

如果到了考試前一刻才開始準備，該怎麼學習才好？根據我的經驗，職場人能夠一邊工作，一邊準備考試的最大可用時間，為每週三十五個小時左右。不過長時間維持每週三十五個小時的學習，其實不太可能，體力上的消耗太大。如果週末兩天各學習十個小時，更沒有時間處理私人事務。到了臨時抱佛腳的時刻，再規劃每週三十五小時的學習吧！

**證照考試學習時間**

| 星期 | 一 | 二 | 三 | 四 | 五 | 六 | 日 | 總計 |
|---|---|---|---|---|---|---|---|---|
| 小時 | 3 | 3 | 3 | 3 | 3 | 10 | 10 | 35 |

## 週末學習效率更高的三個原因

根據我的經驗，最少量學習的情況為一週八小時，最大量學習的情況為一週三十五小時。從學習時間的分配來看，一半以上的學習時間集中在週末。這當然是因為週末的時間比平日多，不過利用週末學習確實有些意想不到的優點。

第一，**可以進行需要高度集中的學習**。平日只有零碎的時間，沒有充足的時間專注於學習。平日再怎麼騰出時間學習，在下班後疲憊的狀態下，仍難以進行需要高度集中的學習。因此，善用週末時間進行難度較高或需要高度理解的學習，將可得到更好的效果。

比較平日學習和週末學習的特徵，兩者的差異更為明顯。首先，平日和週末一天平均可以使用的時間量差異相當大，平日最多只能騰出三個小時，而週末可以騰出六個小時以上。另外，平日很可能忽然出現妨礙學習的因素，例如加班或聚餐等。所以準備考試這類需要短時間高度專注的學習，或是準備分量較多的學習，可利用週末這個好機會提高學習效果。

第二，**即使只在週末學習，也能得到效果**。如前所述，如果是在網路大學修讀學分，只要在週末空出時間專注學習，一樣可以得到效果。像這樣根據目標需求安排週末學習，完全可以達到期待效果。我在需要適應新的業務時，大多利用週末的時間。當時平日忙著處理需要立刻完成的業務，週末則利用剩餘時間學習，累積自己的實力。雖然是收看函授課程，但多虧我在週末扎扎實實利用函授課程學習，才能不在業務上出錯，並在最短時間內適應。

第三，**可以將學習導回正軌上**。如前所述，為業務心力交瘁的職場人，平時並不容易學習深度的內容。因此，職場人必須善用週末才行。例如週末去補習班上課或進行需要深入理解的學習，平日複習週末學習的內容，這種學習方式有助於逐漸養成學習的習慣。總之，職場人的學習效果取決於如何利用週末。

# 09 時間管理❷ 如何做到休息、生活、學習都平衡？

職場人週末既要從事休閒活動，又得休息，有時還得參加婚喪喜慶。在如此忙碌的週末一天學習十個小時，我們真能好好應付體力和壓力嗎？我們期待的是充實的週末，而非疲憊且毫無意義的週末。因此，**職場人在規劃週末的學習時，務必做好「學習生活兩平衡（Study-life balance）」，將重點放在追求休息與休閒活動、學習的平衡。**

## 建立學習與休息的聯繫

當學習適時結合休息時，更能達到有效的學習。那麼在週末學習時，該如何建立學習與休息的聯繫呢？

首先，職場人想要在週末學習，就必須妥善管理起床時間。雖然不必像平日上班一樣大清早起床，不過在上午八點至九點左右起床，才能更充裕地利用時間，達到兼顧休息和學習的效果。這麼一來，到中午十二點前可以學習三個小時，中午十二點至晚間七點之間，則可以繼續休息或從事其他休閒活動。

假設中午十二點左右和朋友約定用餐，不妨上午八點起床，先到見面場所附近的咖啡館。週末上午咖啡館人潮較少，可以在咖啡館內學習三個小時，之後於十二點和朋友見面用餐。和朋友待到下午三點至四點左右，再順道至市場買菜後回家。到家後先休息一到兩個小時，再起床吃晚餐，這時大約是晚上七點。從這時開始，可以學習三個小時到十點。

雖然是週末，最好還是避免在晚上十點後學習。（根據我的經驗）因為週末學習得太晚，很容易懷疑自己「非得拚到這種程度嗎」。晚上十點後，只要收看自己想看的節目或電影，到十二點前後就寢即可。別忘了這天是週日，隔天還得上班，最好再早點上床休息。

週末最好盡可能把休閒活動安排在白天，而非夜晚。因為晚上和朋友見面，聊天的時間必定會拉長，如果你是曾經在週末晚上和朋友見面的職場人，大概會同意這句話。另外，考量到體力上的負荷，我建議週末其中一天安排戶外活動，另一天安排室內活動。如果週六已經從事戶外休閒活動，週日白天就選擇在家中或住家附近休息，那樣才能維持學習的精力。

## 不同時間段有不同的學習模式

早上人腦的活動最旺盛，所以週末上午不妨選擇需要高度集中的學習，例如上較困難的課程或閱讀，晚上選擇需要較少專注力的學習。我建議晚上寫和上午學到的內容有關的題目，或是整理、歸納學過的內容，睡前再以筆記為主重新確認過一遍。據說睡前學過的內容，會比白天學過的內容記得更久，非常神奇。

## 製作學習休息平衡表

我們必須規劃好每一個休息、休閒活動和學習互相平衡的週末，學習才能持之以恆。現在就製作一張週末活動行程和讀書計畫表吧！盡可能均衡安排學習、休閒活動和休息的時間，才能避免沉重的壓力。以下是我曾用來安排週末計畫的方式。

從下表來看，可以知道上午和下午各學習一次，而且每段學習時間的中間，各安排一次休息時間。**以這種方式交叉安排學習和待辦事宜，再按部就班管理行程，就能度過學習和休息兼顧的週末。**

或許有人會認為要求職場人週末也得

**學習和休息兼顧的週末計畫**

| 行程 | 週六 | 週日 |
|---|---|---|
| 起床 | 上午 8：00 | 上午 8：00 |
| 就寢 | 凌晨 1：00 | 晚上 11：00 |
| 上午學習 | 收看函授課程（6～8 課）<br>收看函授課程（9 課） | 收看函授課程（13～15 課）<br>整理財務管理的內容 |
| 休息 | 參加婚禮（12：00，江南站）<br>同學會（2：00，狎鷗亭） | 運動<br>購物 |
| 下午學習 | 收看函授課程（10～12 課） | 整理財務管理的內容 |
| 休息 | 收看電視 | 收看 YouTube |

學習，是否太過嚴苛，然而週末正是能夠同時進行深度學習和休息的難得機會。職場人如何運用這段時間學習，將會決定日後成功的可能性有多高。

# 最能守住週末學習的實際方法

職場人的週末學習，實際執行起來困難重重。即使知道如何騰出時間，也不容易付諸實行。週末一早爬不起來，只想懶散度過一天，這正是職場人的真實心聲。如果是已婚或育有子女的職場人，更是心有餘而時間不足。我最常被問到的問題是：「婚後還要照顧小孩，週末怎麼有時間學習？」在這種情況下，即使有心學習，也挪不出學習的時間。這時就需要旁人的協助。

職場人想要在週末學習，必須要有「學習的意志」和「旁人的協助」。該怎麼做才能獲得以上兩點？

## 走出戶外

如前所述，想要確保週末的學習時間，最重要的是時間安排（起床時間）。起床後，最好走出戶外，穿著舒適的衣服到住家附近的咖啡館吧！或直接報名補習班上午時段的課程也好。到了人多的地方，自然會感到緊張，也會加強學習的意志。好的開始，是成功的一半。

## 向親友暫借時間

結婚後，我們必須照顧小孩和操持家務。如果沒有家人、親戚等周遭親友的幫助，現實環境並不允許我們學習。這時應試著取得親友的諒解，在一定期間內向他們暫借時間。我身邊有不少朋友為了各種目的的學習，請求另一半諒解。因為這段時間的學習免不了某些人的犧牲，務必要妥善向另一半說明，請求對方的諒解。想要更有力地說服親友，請記住以下幾點訣竅。

第一，說服對方自己目前的學習同樣有利於對方。假設現在職場的收入不高，正考慮離職，想用「考證照可以為跳槽加分」的理由來說服另一半。這時可以具體說明原因，例如「我為什麼想跳槽（收入）」、「跳槽將為對方帶來什麼好處（經濟上的充裕）」等，藉此請求對方諒解。

第二，具體設定希望對方體諒的時間。上面所舉的例子說明跳槽需要證照，那麼想要考取證照，需要花費多長的時間，這個問題必須事先告訴對方。對方要知道自己何時得體諒你，又得包容你到什麼時候，才能對此預做準備。所以在你開始學習之前，必須預先計算好具體的學習時間，設定明確的讀書計畫才行。

第三，一定要拿出成果，這是最重要的。好不容易請求親友諒解，週末專心學習，最後如果沒有達到考取證照的目標，必定免不了親友的埋怨。之後為了再度挑戰，恐怕還得再次請求諒解。由於時間上的限制，職場人的學習其實相當急迫。

# 10 時間管理❸ 善用零碎時間，下班後的一小時

「善用零碎時間學習。」只是要職場人，肯定都聽過無數次這樣的建議。職場人平日不容易學習的原因，不僅在於難以騰出時間，也由於專注工作而精疲力盡，在這種狀態下學習談何容易。

不過平日的學習不全都是不利條件，其實也有優點。首先，平日處理業務時處在高度緊張的狀態，可以利用緊張感達到短時間內專注學習的效果。此外，平日身體的活動量較週末大，據說活化大腦最有效的方法，就是「活動身體」。

只要懂得節約時間，平日隨時都可以學習，前提是要知道具體落實的方法。**職場人想要提高平日學習的效率，首先必須檢視自己把時間浪費在什麼地方，接著盡可能降低體力上的負擔，努力把浪費的時間放在學習上。**

## 每天騰出三個小時學習

要在平日學習三個小時以上，實際上並不容易辦到。假設有職場人是早上七點起床，上午九點開始處理業務，晚間七點下班。下班後洗個澡、吃個飯，至少超過了八點。即使之後立刻學習，還是難以達到每日平均三小時的學習。更別說遇上加班或晚上公司聚餐的日子，回到家後根本不可能學習。

平日每天可以學習的時間，應以三個小時為上限，並做好善用零碎時間填滿三小時的規劃。想要確保每天三個小時的學習時間，必須善用一到兩個小時的上下班時間、午休時間、零碎時間等，並且下班後在家專注學習一個小時。

## 稍微晚起，盡快準備

每天早起是每個職場人最大的罩門。勉強自己早早起床學習，只會讓一整天狀態昏昏沉沉，最後反倒對業務和學習造成負面的影響。要是這樣，倒不如稍微晚起，盡快準備。

每天睡前，我總會事先將隔天要穿的衣服、要帶的物品擺在門前靠走道的位置上。一早起床，所有事情同時進行。首先轉開電視收看新聞，刷牙盥洗；接著抹完化妝水，等吸收後穿上上衣，抹完乳液後穿上褲子。早餐大多簡單吃個麵包，通常邊吹頭髮邊吃，或者上班的路上邊走邊吃。

我並不是要所有人像我一樣，而是希望讀者從起床後的例行活動中，找出盡可能縮減時間的方法。就我的情況來說，轉變成這種行動模式後，上班前至少可以縮短一半以上的準備時間。

## 積極運用上下班時間

零碎時間的利用也不可少，而上下班時間正是最適合利用的時間。每個人上下班的情況各不相同，以下分成可以看書的情況（地鐵）、可以看智慧型手機的情況（公車或計程車）、兩種都不允許的情況（步行或開車）等三種情況，推薦不同的學習策略。

首先，如果是搭乘地鐵上下班，可以找個位子坐下來看書。我建議在有位子坐的早晨時間出門，會比上下班尖峰時間好。如果是搭乘公車上下班，就不方便在車內看書，因為車內搖晃且容易暈眩。這時不妨利用智慧型手機來學習。我建議可以聽英文，或是將平時學習時整理下來的內容拍照，隨時拿出來看。在無法專注閱讀文字的環境下，最好選擇默背為主的學習。

如果是以步行或開車上下班，更難利用智慧型手機學習。練習英文聽力還可以，但是開車的時候分心，恐有發生交通事故的疑慮，所以開車時最好避免學習。

如果公司距離較近，通常步行上班的話，建議可以一邊在腦海中整理今天的待辦事項，走到斑馬線前等待紅綠燈時，再用智慧型手機記錄下來。同樣的，步行下班時，也可以利用智慧型手機收聽新聞等，妥善運用上下班時間。

## 依照時間段調整學習模式

若能依照不同時間段安排學習的內容，那麼即使是零碎的時間，也能達到不錯的利用效果。午休時間加快用餐速度，可以騰出三十分鐘左右的空閒。這段時間辦公室較安靜，可以專注看書或收看函授課程。午休時間即將結束之際，辦公室會開始變得吵雜，所以最好選擇在三十分鐘內結束的課程，或是收看短時間內結束的解題講座等。

工作上經常會出現等待他人的情況。有時候無法控制待命時間的長短，待命的地點也可能是在辦公室以外的地方，在這些情況下都不容易學習。所以，平時最好準備可以直接放在手裡看的小卡片或單字本，方便背英文單字或其他學習。如果當下不便拿出小卡片來看，就用手機拍下來看吧！

下班後，疲憊感總是在吃過晚餐後襲來。在這個時間段無論怎麼學習，也無法提高專注力。這時，最好選擇低專注力的學習方法。其中一個方法，就是收看函授課程。我建議收看一個半小時到兩個小時左右的課程，每三十分鐘休息一次，之後利用十分鐘整理課程中學習的內容。如果覺得太累，或是需要進行高專注力的學習，不妨先小睡片刻吧！

## 放下對每天晚上學習的執著

學習最好盡量在晚上十點（最晚十一點）前結束，睡前一到兩個小時則是個人休閒時間。平日工作和學習同時進行，自然需要休閒時間來調劑。睡前一到兩個小時可以用來玩遊戲或看連續劇，充分休息後，為隔天的學習充電。

遇上較晚下班的日子，最好把當天安排的學習進度延後到隔天。如果當天較為疲累，卻仍為了達到目標而學習到深夜，那麼隔天壓力和疲勞感就會像迴力鏢一樣回到身上，摧毀當天的學習。遇上較為忙碌而疲累的日子，就別想著學習，好好休息吧！

## 用圖表標示可以騰出的時間

平日的學習最重要的是騰出時間，最好製作一張圖表，標示出如何騰出時間。仿照左頁的表寫出可以騰出的時間和學習的內容，必定有助於學習。

**可騰出的時間表**

| 星期 | 上班 | | 午休時間 | | 下班 | | 下班後 | | 其他 | |
|---|---|---|---|---|---|---|---|---|---|---|
| | 時間 | 內容 | 時間 | 內容 | 時間 | 內容 | 時間 | 內容 | 時間 | 內容 |
| 星期一 | 40分鐘 | 解題 | 30分鐘 | 課程複習 | 40分鐘 | 解題 | 2小時 | 收看課程 | 20分鐘 | 背英文單字 |
| 星期二 | 40分鐘 | 背單字 | 30分鐘 | 課程複習 | | | | 聚餐 | | |

# 11 一百忙之中偷時間，進行高密度學習

時間管理④

究竟在忙碌的業務生活中，還能有餘力學習嗎？部長隨行祕書這樣的工作，被認為是中央部會中最忙碌的職位。儘管如此，還是能看到一些隨行祕書抽空學習英文，在托福考試中拿下高分的案例。再怎麼忙碌，只要肯下定決心就能學習。

根據我的經驗，答案是肯定的。雖然可以利用的時間有限，也許無法取得較大的成果，不過倒是能「奠定發展的基礎」。只不過越是忙碌的時候，越需要策略性的做法。關鍵就在於分析自己的業務環境，設定符合業務環境的目標，從而進行高密度的學習。

## 分析業務環境

部長隨行祕書的業務特性是經常早出晚歸，週末也無法放鬆休息。為了應付突發狀況，必須全天候待命，休假日也得處理大量來自四面八方的聯絡工作。不過即使是在如此忙碌的業務生活中，仍然會有待命時間和休假日。只要考慮以下幾點情況，分析業務環境後，還是能騰出可以學習的「時間」。

第一，**掌握業務的特性**。執行勤務的地點、外勤時間的多寡等，這些業務的屬性都得詳細掌握。以隨行祕書為例，來回各地或整天外勤都是家常便飯。因為得四處奔波，身上不便攜帶要學習的書，所以我評估過隨時攜帶書本的困難後，選擇了一鼓作氣專注學習的方式。

第二，**掌握可以運用於學習的時間**。由於隨行祕書的業務特性，可以學習的時間相當有限，所以我以每週學習三個小時為目標。

第三，**分析目前可以學習的時間中，能夠專注學習的時間**。想要在短時間內大量學習，必須投入高度的專注力。以隨行祕書為例，因為週六上午的時間段相對安靜，我通常安排在那段時間專注學習。

## 設定適合業務環境的目標

掌握業務環境和學習時間後，接著開始設定合適的目標吧！依照以下順序細分目標，你將會看見目前的當務之急。

第一，**設定最終目標**。例如把考取證照視為最終達成的目標，就像我的目標曾經是美國註冊會計師證照。雖然當時要在忙碌的生活中達到目標，並不那麼容易，不過現在回想起來，多虧過去在忙碌之中花費時間一點一滴累積起來的小成果，才使得我在日後有了空閒時間後，能夠更快達成最終目標。不禁一番寒徹骨，焉得梅花撲鼻香。

第二，**列出達成目標前需要的準備**。美國註冊會計師考試的應考資格之一，是過去已取得的學分。以我考取證照的加州為例，會計師考試的應考資格為先修經濟學二十四學分和會計學二十四學分。

第三，**從目前情況下有能力執行的部分開始準備**。在正式準備考試前，為了取得應考資格，我先在網路大學（Cyber University）修讀不足的學分（會計學十二學分）。這是因為我認為在當時一週只能學習三個小時左右的業務環境下，要達到取得學分的目標綽綽有餘。

## 學習也是聚沙成塔

儘管業務生活忙碌，我依然修滿美國註冊會計師考試中要求的學分。像這樣透過對業務環境的分析，找出零碎時間來學習，最終必然有助於達到極大的成果。時間就是金錢，至於在忙碌的生活中騰出的零碎時間，自然就是零錢。零錢也是錢，零錢累積下來，就是一筆鉅款。只要領悟出將零錢累積成鉅款的技巧，就算是過著忙碌生活的職場人，也能親身見證「聚沙成塔」的巨大發展。

**想要在忙碌時高效學習，必須仔細分析業務環境。分析業務環境後，設定可以達成的目標，再根據目標決定學習方法。**忙碌的職場人想要高效學習，務必先從業務環境開始分析，再設定可行的策略。

# 偷時間學習的三技巧

「你怎麼會有時間學習啊？」這是職場同事最常問我的問題。我是怎麼騰出時間學習的？仔細回想，可以總結以下三點技巧。

## 善用機器的勞動力

在日常生活中，我們有些經常要做的動作。如果能找出最有效執行這些動作的方法，並加以實踐，就能在平時節約時間。這時最重要的，是區分機器可以替代的事情和我必須親自做的事情。接著考量機器作業的時間，決定動作的順序。

舉例來說，下班回到家，按下電飯鍋的煮飯鈕，就能省下煮飯所需的時間（大約三十五分鐘）。在電飯鍋煮飯的同時，還能完成其他事情，像是洗完澡後，邊看電視邊準備幾道配菜。完成這些事情需要二十五分鐘，剩下的十分鐘便可以事先檢查當天要學習的內容，一邊等飯煮好。利用這種方式，將平時經常要做的動作交由機器代勞，有助於騰出學習的時間。

## 減少轉換成本

所謂轉換成本（switching cost），是指從目前使用的貨幣、產品轉換到另一種貨幣、產品時產生的成本。在我們的生活中，也存在這種轉換成本。上班進辦公室後，通常不會立刻處理業務，而是先向同事打招呼，寒暄幾句，之後才真正開始工作。這時，從上班進入工作狀態所花費的時間，也可以稱為轉換成本。根據一項研究指出，轉換成本降低了公司百分之二十到四十的業務效率。

該如何減少轉換成本？舉例來說，在上班途中事先想好今天的待辦事項，就能在進辦公室後立刻投入業務中。利用這種方法檢視自己的生活習慣，減少轉換成本並提高業務效率，便能騰出學習的時間。

## 一次解決簡單的瑣事

想要在一個小時內解決十件各需要花費十分鐘的事情，該怎麼做才好？一一處理這些事，總共需要一百分鐘；一次處理兩件事情，需要五十分鐘，只花費一半的時間。想要在有限的時間內做最多的事，最好一次處理兩件簡單的事。

我一般用餐時看電視新聞，或者在上下班時間打電話問候朋友。也會利用上廁所的時間看網路新聞，掌握世界脈動；運動的時候學習英文。只要像這樣養成同一時間處理兩件事的習慣，也有助於騰出學習時間。

# 12 場所管理 場所決定你的學習效率

以下是在我成為職場人後，第一次開始學習時的插曲。當時因為在家讀不下書，決定先出門再說。在住家附近搜尋，發現了一家咖啡館，走進一看，不但人潮眾多，內部環境也相當吵鬧，於是我又走了出來。繼續往下走了一段路，看見第二間咖啡館。因為是間小咖啡館，占著位置學習可能會招來店員白眼，只好放棄。

就在我實在找不到適合學習的咖啡館時，忽然想到「這附近可能會有圖書館」，便趕緊拿出手機搜尋，卻因為位置太遠而放棄。最後，我還是回到了環境吵鬧的第一間咖啡館。為了尋找學習的位置，就花了一個多小時。

因為這次的經驗，之後我開始記住住家附近適合學習的一、兩間咖啡館和一間市立圖書館。住在舍堂站附近時，我主要在住家前的連鎖咖啡館學習，那間咖啡館早上七點開門，最適合早早出門學習。我一般偏好相對安靜的二樓角落位置。如果那間咖啡館人太多，就會到比較巷子內的安靜咖啡館學習。

多數人的學生時代主要在學校或圖書館學習，不必煩惱學習的地點，但是對職場人來說，「該在哪裡學習」也是相當重要的問題。每個人學習的方法各不相同，容易集中注意力的場所也不盡相同。學習的場所會影響學習效率，請依下面的標準選擇學習場所。

## 分析學習的場所

職場人經常使用的場所，主要有咖啡館、圖書館閱覽室、住家、付費自習室、公司等。以下分析各個

達成個人目標的具體實行方案

| 分類 | 說明 |
| --- | --- |
| 易達性 | 可否在20分鐘內步行抵達？ |
| 舒適性 | 廁所是否乾淨？座椅是否舒服？ |
| 氣氛 | 是否安靜到可以立刻集中注意力？ |
| 價格 | 是否經常光臨也不會對荷包造成負擔？ |
| 其他 | 是否有公休日？<br>是否有足夠的插座供使用？ |

場所的優缺點和使用方法。

咖啡館氣氛相對較自由，可以邊喝飲料邊學習，適合輕鬆的學習。多數住宅區都有咖啡館，不但易達性高，環境也比較舒適。綜合以上優點，咖啡館適合進行文書作業或短暫的學習。不過，咖啡館並不適合長時間的學習，這是因為環境不夠安靜，無法完全投入到學習中。在背景音樂流淌、旁人聊天喧嘩的環境下，還能坐在位置上專心學習，這在現實中不太可能。

另外，每天購買咖啡也是一筆不小的負擔。我一般在出差時，遇上有空閒時間或待命時間忽然拉長時，或者假日在家無法專注學習時，會到住家附近的咖啡館。我建議盡可能在咖啡館學習兩到三個小時即可，因為注意力集中的時間其實比我們所想的要短。

圖書館閱覽室大多免費又安靜，適合長時間學習，所以是我學習時最常利用的地方。圖書館一樓通常有附屬餐廳，也可以享用物美價廉的餐點。部分圖書館甚至可以申請使用置物櫃。只不過如果住家附近沒有圖書館，前往圖書館勢必得花費一些時間；至於年代久遠的圖書館，設施也可能相對老舊。此外，圖書館有固定閉館日，出發前最好事先確認。

在家學習時，身旁有許多誘惑。要抗拒電視、遊戲等各種誘惑伸出的魔手，全心投入在學習之中，並不那麼容易。在家也必然更想休息。所以我並不推薦在家長時間學習。但是對職場人而言，下班後可以學習的地方相當有限。每次都去咖啡館，經濟上是一筆不小的負擔，住家附近也可能沒有圖書館。這種時候，沒有比自己的家更好的地方了。

在家學習的最大優點，在於能同時兼顧消除疲勞和學習。可以開著按摩器材收看函授課程，也可以採取舒服的姿勢發出聲音學習。難道沒有可以在家專注學習的方法嗎？以下我將公開個人獲益良多的方法。在家學習時，最好訂定以下幾點生活規範。

## 在家學習時必須遵守的生活規範

- 區隔學習的空間和休息的空間。
- 在家盡可能不長時間學習。
- 為轉換心情及體能管理，一天至少短暫外出一次。
- 在排定好的時間外，絕對不開電腦或電視。

付費自習室舒適且安靜，適合進行長時間、高專注力的學習。加上一般沒有公休日，開放時間也長，可利用度較高。不過費用是一筆負擔，對於無法每天使用的職場人而言，並非合適的場所。如果有計日收費的自習室，我建議週末可以用來學習。我在不動產經紀人證照考試的最後準備階段，週末都在自習室內學習。

在公司也可以學習。沒有其他地方像公司一樣，具備印表機、飲料等諸多便於學習的便利設施。但是最大的問題，在於我正在進修學習的事情可能被公司得知。如果不希望公司知道自己正在進修，最好盡量免在公司學習。我在午休時間準備證照考試時，也告訴旁人自己正在學英文，隱瞞準備考試的事實。

在公司待到太晚，該做的事情也會不斷增加。光是晚上待在公司這個決定，就可能讓別人的工作變成我的工作。而且同事看到下班時間不回家，繼續待在辦公室晃蕩的我，也可能問我：「留在辦公室做什麼？」「不如我們這幾個加班的人去喝酒吧？」所以公司不但不適合學習，同時也是相當危險的地方。

## 根據不同情況變換學習場所

每位職場人都應該區分平日和週末的學習場所。我進入職場後，在準備任何考試的時候，平日主要在家學習，週末則到圖書館或咖啡館學習。平日下班後主要在家收看函授課程，週末則是輪流使用咖啡館和住家。

此外，事先找好在不同情況下適合學習的場所，也能省下零碎的時間。週末外出參加婚禮或聚會，有時會遇上間隔幾小時後還有另一個約會的情況。我一般會先調查好市立圖書館的位置，有多餘的時間就到圖書館學習。事先想好零碎時間可以在哪裡學習，還能省下煩惱的時間。

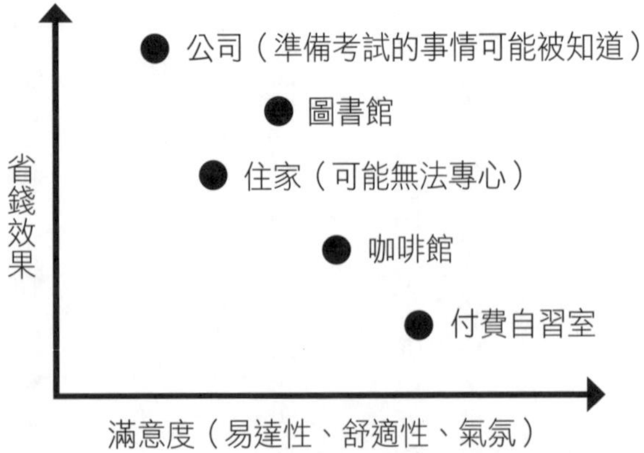


學習場所分析

# 第3章

# 最實際可行的職場人學習法

# 13 學習方法❶ 解決學習量不足的問題

到書店翻閱專業書籍，幾乎沒有頁數少於五百頁的。一些耳熟能詳的證照考試用書，厚度都相當可觀。像是電腦文書處理專業認證考試用書有一千頁左右，不動產經紀人初試考試用書每科都有七百至八百頁。不少人起初下定決心好好學習，也買了考試用書，卻被書本的厚厚度嚇得喪失學習動力。

假設職場人一個月可以學習二十天，那麼即使一天能讀五十頁，要讀完一千頁的書，至少也得足足花上一個月。再說平日一天都難以學習到三個小時以上了，這個時間內要讀完五十頁，談何容易。說到底，職場人要重頭到尾讀完一本考試用書，無異於天方夜譚。分明努力學習了，進度卻不見進展，這種情況只會使人逐漸喪失學習的動力。所以對職場人而言，「如何分配龐大的學習量」是極為重要的問題。

想要解決單次學習量不足的問題，必須先認清沒有任何人能夠默背所有學習的內容，再從這個事實中尋找答案的線索。換言之，沒有必要全部理解書中的內容，只要整理好重點默背下來就行。接著設定適當的目標學習量，避免喪失學習的動力，再一步步提高學習量。

## 放下想理解所有內容的執念

學習時犯下的最大錯誤，在於一字不漏地閱讀書本，執著於一次理解書本的內容。我們都誤以為熟讀書本，就能理解書中內容，並且留下長久的記憶。因此每次遇到不懂的地方，總是反覆推敲思考，直到完全理解之後，才願意進入下一個段落。然而用這種方式學習，一天能夠學習的分量只會逐漸減少。過於仔細閱讀新接觸的書本，不但導致速度降低，還會把自己搞得越來越累。再說就算完整讀過一遍，也不可能百分之百理解，所以我們必須調整學習時的心態，只要求理解核心內容就行。

我建議為每個段落設定時間限制，如果在預定時間內沒有讀完，就繼續往下一段。要是已經讀過兩次，腦中還是無法理解文字的意義，應該暫且跳過該段內容。一開始不必急著理解或背記太過瑣碎的內容。

許多人因為急著想立刻明白所有內容，也因為如果沒有完全理解就闔上書本，內心會感到不安，所以反覆閱讀無法理解的句子。但是為了消除這個不安的情緒而反覆閱讀，只會使進度嚴重落後，喪失學習動力。我們並不是為了解決心中的不安才學習的。

我們在準備考試時，難免會有想比競爭者表現得更好的壓力，不樂見自己無法理解學過的內容。這麼一來，進度自然無法前進。不如換個角度想，反正今天再怎麼反覆閱讀也無法理解，就算理解了，在考試前也無法背下所有內容。如果今天有無法理解的內容，也許下一次在解題時，就會豁然開朗了。

## 設定一天的目標學習量

想要增加一天的學習量，最好事前設定目標學習量。例如一開始學習時，設定一天讀要完三十至五十頁的考試用書，那麼就得盡全力達到每天設定的目標。我有一位首爾大學第一名畢業的朋友，他說自己設定好每日目標學習量後，不達目標絕不回家。雖然職場人沒有必要學習到那種程度，不過事先設定好目標再學習，才能逐漸提高一日可以學習的量。

設定目標後學習，有一點必須特別注意，那就是事前想好要把學習重點放在什麼部分。不這麼做的話，只會造成花費大量時間而無法全部記住的結果。如果用相同的強度閱讀書本的每個段落，結果必是事倍功半，學習效率低落。翻開書本時，請先把目標放在一定程度理解書中關鍵內容即可。不必理解所有句子，只要熟記幾個關鍵詞，其餘部分輕鬆讀過就好。

此外，目標學習量應當根據現實情況設定。我們經常樂觀地以為自己一定辦得到，結果設定了實際上難以完成的計畫。這種現象稱為「計畫謬誤」（planning fallacy）。所謂「計畫謬誤」，是指我們在預測完成一項課題所需的時間時，容易出現過度樂觀的傾向，導致完成課題的時間比原本的計畫或預期花費更多時間的現象。

心理學家羅傑・布爾勒（Roger Buehler）請準備撰寫學位論文的學生，預測自己可以完成論文的最快時間和最慢時間。學生們認為最快大約花費二十四・七天，最慢大約花費四十八・六天。不過最後結果顯示，只有百分之三十的學生在自己預測的時間內完成論文，大多數學生平均足足花費了五十五・五天。這比他們預測最慢的時間要多了一週。提高學習量也是如此，我們必須根據目前的能力設定實際可行的目標。只要根據目標按部就班地學習，每天可以學習的量自然會逐漸增加。總而言之，學習量必須依照個人能力一點一滴提高才行。

## 根據目錄整理學習的內容

如果只是憑著非得達成目標不可的傻勁貿然念書，那樣再怎麼學習也不會有成果。想要追著目標學習，最好根據書本目錄整理學習的內容。平時多練習根據目錄整理當天學過的核心內容，必定有助於減少龐大的學習量。

想要有效概括學習內容，必須先知道自己正在讀什麼地方。每本書都有整體的脈絡，即使無法完全理解部分段落的內容，只要從整體脈絡上來思考，就能理解作者寫下這段文字的用意。請試著閱讀以下文字。

作者的主張是否合理？

作者主張知識謬誤的存在違反了事實。儘管這可能是作者知識的缺乏所致，不過原因並不限於此。無論原因為何，對於違反事實的以及不太可能存在的，作者依然認定那即是事實或者極可能存在。換言之，作者主張他擁有自己並未擁有的知識。只要從作者的結論中指出與此缺點有關的部分，就已足夠。……

我們可以說知識的缺乏與謬誤，這兩種類型的持論互相關聯。知識缺乏的結果導致提出錯誤的主張，而知識存在謬誤也可同樣視為缺乏知識。相關知識的缺乏致使問題無法解決，結論無從證明，而錯誤的假設必然帶來錯誤的結論與無法令人信服的解決方案。知識的缺乏或謬誤源於作者此一前提。

閱讀前文，可能會覺得內容相當困難。不過，只要知道這段文字是在說明「作者的主張是否合理？」的小標，就會有不同的感受。透過小標，我們可以知道這段文字說的是判斷作者主張的方法。

想要最大程度降低閱讀的次數，必須做好內容的濃縮整理。濃縮整理學習內容時，最有效的方法是像對他人說明那樣言簡意賅地手寫下來。這麼一來，下次複習到相關的部分時，才能立刻掌握關鍵內容。以上述引文為例，可以整理為以下內容。「這段文字是檢視作者主張時的注意事項。結論是要審慎驗證相關知識，知識存在謬誤等於沒有根據的說法，而錯誤的知識會導致錯誤的結論。」

如果是準備考試的情況，考試出題的內容才是關鍵。只要念完書後，拿考古題來練習，就能知道重點大概在什麼地方，又該如何整理才好。以考古題為主整理考試重點，必能有效掌握關鍵內容。像這樣經常練習設定目標學習量，並且整理最核心的學習重點，將有助於一次記憶大量的內容。

## 學習量大時的行動原則

1. 以平時閱讀量的一·二倍為目標。
2. 設定時間限制，若無法在一定時間內讀完，應立刻跳過該頁。
3. 像是對他人說明那樣，為每一個段落簡單摘要。
4. 寫不出摘要時，重新仔細閱讀該段落。

# 14 學習方法❷ 讓學習效果扣分的默背習慣

那是我在應考特許金融分析師二級考試時發生的事。當時所有考生正排隊準備進入考場，排在我前面的人拿著密密麻麻的筆記和畫滿線條的厚重書本，全神貫注地翻看著。任誰看來，都覺得他像是在宣告「我真的很努力準備考試」。不過那一瞬間，我不禁產生這樣的疑惑：「那個人全都背起來了嗎？全背得起來嗎？」

再怎麼容易理解的內容，只要沒能默背下來，考試時就無法寫出正確的答案。反之，雖然是臨時抱佛腳準備的內容，只要好好記在腦海裡，就能在接下來的考試中得到不錯的分數。記憶力對於業務的執行也相當重要。

在職場中被稱讚工作表現傑出的人，大多善於記住細微的小事。而經常忘記待辦事項的人，犯錯的可能性非常大。記憶力如此重要，足以左右業務和學習的能力。但是有時候再怎麼拚死默背，也得不到預期的效果。這是因為默背的方法，影響了你的學習效果。這種時候，就必須好好思考自己是否有以下幾種錯誤的默背習慣。

## 先抄寫再說

各位或許都聽過「抄寫記憶法」，那是用鉛筆在白紙上密密麻麻寫下單字，一邊默背下來的學習法。過去學校也曾讓學生用這種方法抄寫作業，但部分學生只是完成抄寫，實力卻完全沒有增加。這是因為他們只專注於用手抄寫的行為，卻沒有努力將要背的內容記在腦海裡。把單純的抄寫當成目標來學習，下場只是手腕痠痛、白費時間，卻什麼也沒有記住。

## 默背整段句子

研究指出，默背單字的效果高於默背整段句子。其實大腦一次可以記憶的量有限，最好只默背最關鍵的部分。請見以下例文：

李舜臣艦隊於農曆五月七日抵達玉浦，在三次對戰中殲滅倭船四十餘艘，大獲全勝。李舜臣因戰功陞敘嘉善大夫。農曆五月二十九日，李舜臣在泗川海戰中左肩遭敵炮所傷，仍無懼出戰，再傳捷報。又於農曆六月五日唐項浦海戰、六月七日栗浦海戰等戰役中，擊沉敵艦七十二艘，賜資憲大夫。

假設要默背上述引文，如果把整段文字背下來，得花費相當大的努力。因此，為了更有效地記憶學習內容，必須根據學習目標選擇關鍵詞，再以這些關鍵詞為主默背下來。例如要默背的目標是上述引文中李舜臣的海戰順序和戰績，這時可以選出幾個關鍵詞——五七玉浦、嘉善大夫、五二九泗川、六五唐項浦、六七栗浦、資憲大夫（單字前的數字表示日期），再把這些關鍵詞背下來即可。這麼一來，即使沒有默背全部引文，也能輕鬆把主要的內容放進腦中。

## 背過一次就不再看

默背是枯燥乏味的工作，所以一般只要覺得自己背熟了，就不願再翻開書本。不過德國心理學家赫曼・艾賓豪斯（Hermann Ebbinghaus）曾指出，人類的記憶經過一個小時會喪失百分之五十，經過七天會喪失百分之八十。再怎麼爛熟於心，最後還是會忘記。因此在默背完後，仍需要持續喚醒記憶。

## 莫名所以的默背

無論學習什麼，如果對學習內容沒有一定程度的了解，必定難以記在腦海裡。必須了解整體脈絡，才能融會貫通相關的概念。假設正在學習經濟學中的「市場失靈（market failure）」，過去認為放任市場參與者自由貿易，將會得到最好的結果（有效的資源分配），然而現實情況卻是發生外部效應、公共產品供給不足、貧富差距等問題。此時政府儘管介入制定各種政策，卻在政策執行的過程中發生意料之外的副作用，進而導致政府失靈（government failure）。我們必須先了解這種市場失靈的來龍去脈後，才能記住外部效應等較深入的內容。

如果因為覺得困難或麻煩而完全不予理解，只想默背下來，那麼真正到了考場上，一緊張就會讓你腦袋一片空白，什麼也想不起來。唯有掌握整體內容的關聯性，才能熟記在心，我建議也可以多使用心智圖（以圖形將內容分類與結構化的方法）。

## 沒有積極默背

如果沒有努力試著默背下來，那麼學習的時間可能淪為徒勞。在默背完後，還需要透過「提取練習」（retrieval practice）來驗證是否熟背。

比起反覆閱讀、默背，更多證據顯示反覆提取的效果最好。美國普渡大學（Purdue University）心理系研究團隊曾要求八十名學生學習困難的解剖學概念，經過兩天後測驗，發現不斷提取訊息來學習的一組，比單純反覆學習的一組多記憶將近百分之二十的概念。由此可見，比起花費大量時間接收默背的內容，倒不如專注於思考默背的內容，才能提高默背的效果。

# 15 學習方法❸ 為忙碌職場人量身打造的高效記憶法

其實大多數記憶的方法，例如不斷重複、大量解題、多次抄寫，都必須投入相當大量的時間和精力。然而要求職場人持續以反覆閱讀、抄寫的方式學習，實際上有一定的難度。我們必須將投入大量時間和努力來記憶的方法，轉變為考量職場人現實情況的記憶法。

以下我將介紹自己在學習時體悟出的記憶法，以及身邊親友所使用的特殊記憶法，分享給那些煩惱如何記憶學習內容的職場人。這些本質上也是記憶法，和既有的記憶法雖然沒有太大區別，不過只要依照情況稍加調整記憶法，就能收事半功倍的效果。

## 去掉助詞、連接詞等理所當然的內容

除非是默背無可挑剔的句子，否則沒有必要連助詞、連接詞這些非關鍵詞的部分也背下來。大腦一次可以記憶的量有限，當然只要默背最關鍵的部分。舉例來說，「政府為保障低收入者的居住安全所提供的國民租賃住宅的租金，如果低於市場上的租金，則租金差額即可發揮補助承租家庭居住費的效果」，這段話中的「為保障低收入者的居住安全所提供的國民租賃住宅」理所當然存在，不必默背。這段話甚至可以精簡成「租賃住宅：租金 < 市場價格 = 差額具補助效果」。

## 用「A是B」來記憶

再怎麼複雜的內容，只要縮減為「A是B」的句子，就能方便記憶，也可以增加記憶量。舉例來說，「所謂長期傳貰住宅，是指國家、地方政府、韓國土地住宅公社或地方公社以租賃為目的建設或購入，並以傳貰契約方式提供承租人使用二十年以內的租賃住宅」，把這段文字分成「長期傳貰住宅是國家、地方政府、韓國土地住宅公社或地方公社以租賃為目的」和「長期傳貰住宅可使用二十年以內」兩部分來背，就能更輕易放進腦袋裡。

## 默背一半就好

如果有「某種因素影響了另一件事」的情況，只要默背一半就好。沒有默背的另一半正好是它的反面，不必額外記住。舉例來說，在默背經濟學中「替代品價格上漲，則需求增加」的概念時，就沒有必要額外把「替代品價格下跌，則需求減少」也背起來。

## 記住答案的位置所在

這是我擔任隨行祕書時的經驗。由於隨行祕書的業務特性，必須記住不同領域的相關內容，才能盡速輔助業務的推動。能夠記住所有相關內容，在必要時應答如流，這當然是最好的，不過要連未來一個月的行程、多達數百人的員工人事資訊、瞬息萬變的具體業務內容等都背下來，事實上不太可能。而且向上級報告的內容，必須百分之百正確，因為只要有一點錯誤，就可能造成極大的問題。

因此，我平時會整理好各個領域的相關內容並隨身攜帶，如果有被詢問到，可以立刻取出回答。這時最重要的，是要牢牢記住「問題的答案在哪裡」。只要記住答案所在的地方，就能迅速回答最正確的內容。為此，應先規畫一套正確的分類標準，再多加熟悉這套標準。

以我為例，我通常先將行程（今日行程、一個月內的行程）、今天需要的資料、人事檔案、媒體報導簡報、特定議題的專題報導、不同機構的各種連絡方式、參考資料等分類好，再用便利貼標示今天預定會使用的主要資料或過去曾經尋找過的資料。之後準確記住哪些資料在什麼地方，就能在需要的時候立刻找出來報告。

這個方法適用於需要記憶互無關聯性的各種類型資料的時候，尤其當職場人就讀網路大學或收看公司提供的網路課程時，也值得一試。使用於開書考時，同樣有不錯的效果。

我一般在網路大學考試時，經常使用這個方法。開書考之前只要記住書本目錄，考試時看過考題後，從書中找出考題對應的部分來作答即可。如果考試時可以從書中找答案，就沒必要努力將學習的內容默背下來。只要知道在什麼地方有什麼樣的內容，即可在考試時間內完成答題。所以，這時候我推薦默背「關鍵內容所在位置」的記憶法。

## 關鍵內容所在位置記憶法的優缺點

- 優點：即使沒有全部背下來，也能快速回答。
- 缺點：需花費時間整理分類標準。

不同的記憶法可達到不同的學習效果

## 利用關鍵詞聯想相關內容

接著要介紹的，是首爾大學經濟系第二名畢業的朋友的記憶法。他在上課前會先預習上課的進度，上課時只筆記教授授課內容中的關鍵詞，下課後根據筆記的關鍵詞在腦海中反覆回想上課的內容。每一次上課都使用相同的方式學習，並且一次次複習開學至今上過的所有內容。**利用這種方法學習，便能透過關鍵詞連想學習過的內容，在短時間內完成複習。而且這種累進式的複習，能使人不斷重複先前學過的內容，達到短時間內高效記憶的效果。**

不過要注意的是，最好盡可能在學習當天串聯關鍵詞和學習內容。如此一來，日後便能單憑關鍵詞輕鬆喚起學習過的記憶。收看函授課程後，先利用五分鐘的時間檢查有哪些關鍵詞，下次複習時，就能更快回想起相關內容。仔細想想，這種方法確實相當有效，也有許多不錯的記憶訣竅。

第一，在山口佐貴子的《你的大腦很愛這麼記！》中提到，重複最重要的詞彙至少五次以上，就能永遠記在腦海裡。課程結束後，只要多次複習當天的關鍵詞，就能將當天學習的內容長久烙印在記憶中。

第二，可以透過關鍵詞聯想今天學習過的全部內容。想要快速喚起記憶，需要一些有助於回想的輔助，而關鍵詞扮演的正是最重要的輔助工具。光是記住關鍵詞，就能喚起所有學習的內容。

第三，以關鍵詞為主記憶學習內容，即使每天持續累積、複習，也不至於學習量過多，造成太大的負擔。以關鍵詞為主吸收一天學習的量，將可在三十分鐘內完成所有學習。

如果職場人想要在閱讀書本或報紙後，將知識留在腦海裡，我尤其推薦關鍵詞聯想法。有時和別人聊天，明明想到了某件事，卻想不起確切的詞語或單字，因而錯過了說話的時機。如果有這種情況，平時應在讀完多本書籍或報紙後，將書本或報紙中的關鍵詞和幾個案例整理下來，之後便能回想起讀過的內容。這時，關鍵詞扮演的正是喚起記憶的輔助工具。

我習慣將經營學書籍或自我開發書籍中的單字、統計數據、案例等，簡單記錄在智慧型手機裡，無聊時拿出來看。由於只寫下關鍵詞，要看的文字量比當初讀過的內容還少。在與他人對話時，若有提到相關的內容，不妨拿出手機翻找過去相關的紀錄，就能立刻喚起記憶，自然接續對話。

不過，想要善用這個記憶法，必須先有能力辨別什麼是自己需要的內容，書本或課程中的關鍵內容和關鍵詞又是什麼。如果缺乏學習的經驗，可能難以快速掌握關鍵詞。為了熟練地使用這個方法，平時需要大量的練習。

## 關鍵詞聯想法的優缺點

- 優點：只要記住少量訊息，就能表現出博學多聞的樣子。
- 缺點：為了辨別真正的關鍵詞，平時需要持續練習。

# 適應新業務的三階段學習法

我曾經為了挑戰稅金相關的業務，主動申請了租稅審判院的職務。當時忽然調換職務，不但沒有相關的經歷，專業知識也相當有限，只覺得無所適從。其實這種茫然的感覺並不是第一次。在我完成研修院課程，被分配到國務調整室時，還有我服役期間授軍官階後，首次前往海軍本部服勤時，也都有相同的感覺。

當時一邊學習過去不曾聽過的詞語和陌生的團體文化，還得一邊推動業務，可以說嘗盡各種失敗和挫折。在職場上打滾過的職場人，肯定多多少少經歷過這種情況。運氣好的話，也許能遇上懂得帶人的前輩或職場上司，不過在實務中遇上循循善誘的貴人，機率微乎其微。多數情況得靠自己學習。

剛開始被分配到租稅審判院時，看著我的辦公桌上，滿滿是租稅法典、稅法與會計相關教科書、實務說明書、業務手冊、待辦案件資料等。所有書本堆疊起來，甚至高出我的身高。這時候該先從哪裡著手呢？以下我將介紹有助於適應新業務的三階段學習法。

## 第一步：掌握當下需要的知識

接到一項新的業務，我一般會先看業務手冊，這是為了大致掌握業務進行的情況。業務老手對手中工作嫻熟於心，一般不太讀業務手冊。但是業務手冊概括記錄了最全面的內容，剛接下新業務的人最好多加翻閱。如果沒有業務手冊，請參考業務相關規定或該部門過去收發的公文。翻閱業務規定或過去的公文，即可大致掌握自己未來將要承接的業務。

在翻閱相關資料時，必須一邊掌握自己需要什麼樣的知識來應對目前的業務。在租稅審判院中，當然是學習與稅法相關的知識。雖然會計知識也不可或缺，不過當務之急是稅法，所以我決定好好思考如何學習稅法。像這樣掌握好目前的學習需要何種知識後，再往第二步前進吧！

## 第二步：按照輕重緩急安排學習順序

在適應新的業務時，首先應先處理最急迫的業務，熟悉工作後便能減少嘗試錯誤。如果沒有安排好業務的優先順序，未來將可能發生自己無力承擔的問題。對業務越陌生，越難掌握業務的優先順序，所以最好先確認業務內容。

學習業務相關知識時，也要從業務相關度最高的開始，才能更游刃有餘地適應業務。我在租稅審判院工作時，會從分配到的案件中挑選出最迫切處理的案件。這些案件有些是申請人希望盡快處理，有些是不得不盡速處理的陳年案件。

因此，為了更有效率地處理這些案件，我會依照「急件、普通、慢件」的案件優先順序來分類業務，再找出執行每項業務必須的學習內容。一開始熟悉業務時，最好的辦法是蕭規曹隨。遇上不懂的地方，就從過去處理過的類似案件中學習。如果沒有前例可循，必須自行學習，業務手冊或各種教科書、實務說明書都能派上用場。

## 第三步：業務上所需的知識必須另外整理

在學習的同時，將有助於業務的資訊另外整理起來，未來必定有派上用場的時候。它可以是向上級報告時參考的資料，也可以在想不起來的時候輔助記憶。

我任職於經濟政策官室時，有一回從報紙上看見ＣＤＳ（Credit Default Swap，信用違約交換）一詞，趁著週末把這個專有名詞另外整理下來。簡單來說，這是為了避免倒閉造成無法收回債券或借款的情況，所開發的一種保險。某天，局長忽然來到辦公室，正好問我關於信用違約交換的事，我便將學習時整理的內容寫成報告向局長說明。

像這樣從學習的內容中接觸到適合直接寫進報告的內容時，務必另外整理成一份文件。而接觸到有助於業務推動的內容時，也最好在說明書上或自己的筆記上標示清楚。只要一點一滴聚沙成塔，就能更快推進業務速度。比起漫無目的的學習，依據業務需要來學習，將有助於更快適應新的工作。

## 高效適應業務的三階段學習法

1. 掌握當下需要的知識。
2. 按照輕重緩急安排學習順序。
3. 業務上所需的知識必須另外整理。

# 16 學習方法❹ 厭倦學習時，該怎麼辦？

新年許下的願望，通常只有三分鐘熱度。學習也是如此。每次下定決心學習後，我們實際上堅持了多久？每一次被罵貪玩，我們還是玩得不亦樂乎，為什麼下定決心學習了，卻沒有一次認真學習？原因就在於單純的學習枯燥乏味。其實真正會讀書的人，也不是全都覺得有趣才學習。

想要持之以恆地學習，必須先戰勝一開始對學習的抗拒。在克服抗拒心理的同時，看見自己的努力開花結果，那時才會發現學習的樂趣，也才能學得更好。反之，如果無法克服抗拒心理，那麼你的實力將面臨停滯，越來越厭倦學習，也感受不到學習的樂趣，最後陷入惡性循環。

## 就是這樣才討厭學習

知道自己為什麼討厭學習，才能找出這個問題的解決辦法。一般而言，我們討厭學習的原因有以下幾點。

第一，**學習量太大**。買完書後，經常覺得閱讀量太多，書上的字又寫得密密麻麻，一點也激不起學習的動力。再說一天即使能讀十頁，如果總共要讀完七百頁，心裡肯定會先懷疑「這本書什麼時候才能讀完」。越是感到茫然，越討厭學習。

第二，**算式或不熟悉的用語太多**。讀到不熟悉的用語或算式，自然會感到陌生，而這種陌生感將引起對學習的抗拒。舉例來說，經濟學當中有「邊際效用遞減法則」（Law of Diminishing Marginal Utility）的術語。所謂邊際效用遞減法則，是指消費者對某個產品的消費數量增加，則從該消費中獲得的滿足感逐漸減少的現象。「邊際」、「效用」這些術語看似困難，其實只要透過例子思考，完全可以用常識來理解。這個例子就是「特定食物吃越多越膩」。事實上內容並不難，只是因為不熟悉用語而感到困難。

第三，**需要大量基礎知識**。要順利學習一個科目，事先必須具備大量的基礎知識。不過如果要具備所有基礎知識，時間一久便容易喪失學習的意志；如果在沒有基礎知識的情況下投入學習，只會因為內容無法理解而更不容易產生興趣。例如事先掌握會計學、商業法相關知識，學習稅法當然會較為輕鬆。但是為了學習稅法，還得先學習會計學和商業法的話，將會耗費大量的時間。而沒有相關知識就開始翻閱稅法學，將會因為內容無法理解而輕易放棄學習。

**第四，不知道為什麼要學習。**「這些東西看起來對我的生活毫無幫助，為什麼我還得學習呢？」當你心中出現這種想法時，學習已經注定失敗。例如數學中有極限值的概念，當無窮數列的值隨著項目的增加而趨近無窮大或無窮小時，稱為「極限值」。如果你無法理解為什麼要學習這些知識，就可能對學習感到厭倦。

## 克服學習倦怠、抗拒心理的三種方法

前面說明了厭倦學習的原因，現在該進入解決這些原因，克服抗拒心理的階段了。如果是因為內容陌生而產生抗拒，那麼一開始學習的時間最重要。

第一，**利用一開始決定認真學習的決心，盡最大努力快速學習及大量學習**。就像蛋糕切成好幾塊吃一樣，學習也要切割適當的分量才容易消化。所以別在厚重的書本面前不知所措，先為何時讀完這本書設定一個具體目標，這樣才能稍微減少面對厚重書本時的茫然感。

第二，**努力學習到底**。擬定具體的計畫後，在學習時必須牢記學習計畫，並按照計畫學習到底。如果有無法理解的部分，不妨先跳過。全部讀完後再回過頭來看，有時候反而豁然開朗。最重要的是不半途而廢，從頭到尾全部讀過一次。

第三，**為了建構知識的體系，必須熟悉各種用語**。只要熟悉用語，就能更順利理解該知識領域傳達知識的方式，也才能培植自身的實力，從中獲得成就感與興趣。舉例來說，經濟學中有「邊際效應」、「邊際成本」等術語。邊際效應是「每多消費一個產品所得到的效應」，邊際成本是「每多生產一個產品所追加的總成本增量」。用更簡單的方式來說明「邊際」概念，就是「每多消費／生產一個產品」。如果不熟悉「邊際」的概念，在學習經濟學的過程中將遭遇困難。盡快熟悉這種知識的基礎概念，學習起來才能更得心應手。

此外，學習的撞牆期（怎麼學習都不見起色的時期）也是必須克服的問題。無論學習什麼，難免都會碰上實力提升不上來的時期。這時一旦放棄，就將前功盡棄，與其如此，倒不如努力從頭到尾學習過一次。

如果前面的方法都不管用呢？最後的方法是用「先做再說」的態度學習。「為什麼要學習？」「學習真的能讓情況好轉嗎？」「學習真令人厭煩。」這些想法暫且拋到腦後吧！先下定決心把無法理解的部分背起來，堅持學習到能順利答題的程度為止吧！這個學習未來會得到什麼樣的結果，就留待日後檢驗。

雖然這種方法看起來很笨，不過就我身邊取得不錯成就的人來看，也有不少人是用這種態度學習的。想法越單純，專注力越高。只要對學習產生一絲厭煩情緒，就會對學習造成阻礙。既然已經設定好目標，也下定決心要達到目標了，那麼默默堅持到最後才是最重要的。

# 17 學習方法5 縮短學習時間的讀書技巧

閱讀可以改變我們的想法，拓展我們的見識，是最好的自我開發方法。相較於不讀書的人生，閱讀的人生更愉悅，並且閱讀可以改變註定的命運，讓我們過上更好的生活。沒有人不知道閱讀的好處，不過對忙碌的職場人而言，保持閱讀習慣並不容易。當然，我們也發現到成人的閱讀量正逐漸減少。

我在求學階段並不擅長閱讀，沒有一本小說可以從頭讀到尾。然而為了學習，只能硬著頭皮讀書；為了學習得更好，必須習慣閱讀到某種程度才行。好的閱讀方法當然很多，在此我要說明的，是應付學習必備的基本閱讀技巧。

## 挑出精華來讀

以學習為目的的閱讀，是掌握關鍵內容後加以濃縮整理。掌握關鍵內容的所在，並了解必須熟背的詞彙，才能真正達到學習效果。這裡所說的關鍵內容，就是「這個單元想表達什麼」。如果是準備考試的情況，那麼可能出現在考題的詞彙就是關鍵詞。請看以下引文。

需求價格彈性越大，需求量對價格變化的反應越敏銳。若價格微幅上漲而需求量遽烈減少，則為需求價格彈性大；若價格大幅上漲而需求量變化不大，則為需求價格彈性小。需求價格彈性大於一時，稱為「需求富有彈性」；需求價格彈性小於一時，稱為「需求缺乏彈性」。

上文的關鍵內容，有「需求價格彈性的定義」。關鍵詞有「彈性」、「價格變化」、「需求量的敏銳反應」、「數字大則有彈性」等。找出關鍵詞後，盡最大努力讓這些詞語成為自己熟悉的概念吧！如果不熟悉「彈性」一詞，請先想想「富有彈性的彈簧」。由外在給予刺激（用手按壓彈簧的行為：價格變化）時，對象會產生多大的反應（彈簧跳起：需求量的變化），用這個概念來思考彈性就容易理解了。

## 善用函授課程閱讀

一開始學習陌生的內容時，如果只靠自己的力量理解書中的內容，必定耗時費日。第一次翻開經濟學教科書自學，恐怕一天也讀不到十頁。這時最好善用函授課程。閱讀是以眼睛讀過文字，在腦中認知與理解文字意義的過程。越是陌生的概念，用聽的學習更能加速理解。學習開始前，不妨將函授課程當作是學習的預告片吧！

想利用這種方法獲得效果，必須在收看完函授課程後立刻閱讀教科書。俗話說：「錢來得快，去得也快。」越是容易理解的內容，越容易從記憶中消失。學習也是一樣的。聽課的時候覺得內容都理解，然而在課程中理解的內容總是立刻消失。這是因為沒有經過看著書中文字，自行萃取大意的過程。所以務必要在收看完課程後，重新閱讀課本理解其中內容。

閱讀時，不是只閱讀文字，而是要讀出其中的意義，掌握課程中所說的內容在書中何處。就算當天只學到課程中說明的部分也無妨。如果無法善用函授課程來學習，就從書本的緒論或目錄來獲得類似的效果吧。先從緒論和目錄預測整體的內容，就能在閱讀時加快掌握全書內容。

## 跟著節奏閱讀

每個段落都有它的功能，有說明關鍵內容的段落，也有補充說明關鍵內容或舉例說明的段落。書中所有段落的重要程度並不相同，有考試經常會考的部分，也有根本不需要看的部分。所以，我們必須掌握不同段落內容的重要程度，練習跟著節奏閱讀。所謂「跟著節奏」，是在重要部分仔細閱讀，在相對不重要的部分快速讀過，使閱讀產生快慢緩急的節奏。

依照段落的重要程度調整閱讀速度，如此才能在閱讀時保持一定的緊張感。最好在每個段落旁標示閱讀該段落的方式，例如遇到需要大量背誦的部分，標示「這個部分要背起來，還要經常翻回來看」；遇到不太重要的部分，則標示「快速看過就好」。

不知道如何閱讀就草草開始學習，結果只會事倍功半。當閱讀的效率降低時，自然對學習感到無趣；反之，發現自己的實力與價值因為閱讀而提高時，將會就此愛上書本。我在這裡說明的閱讀技巧，是應付學習必備的基本閱讀技巧。希望各位讀者在學習時，也能多開發適用於自己的閱讀方法。

# 18 學習方法❻ 增強實力、跨越極限的祕訣

做過重量訓練的人都知道，當你再也無法舉起啞鈴的時候，覺得到這裡已經是極限的時候，如果能再多提舉一下啞鈴，那一刻將是肌力提升的時刻。學習也是一樣的。當你進入再也學習不下去的時刻，那一刻正是機會的時刻。實力也和我們的身體和意志一樣，藉由跨越極限的經驗獲得成長。

## 不斷反覆閱讀，讀書的眼力將有所不同

我在中學的時候，因為沒有買參考書，只能利用教科書和課堂筆記準備考試。這麼一

來，在實際考試中遇到預料之外的題型時，難免會感到驚慌，甚至犯下一些小錯誤。不過我依然想要挑戰，「究竟只靠教科書和筆記，能不能解決考試的問題？」所以我採取的對策，是大幅增加讀教科書和筆記的次數。

那時我甚至想過，「乾脆把教科書全部背起來，在實際考試中就不會出錯了。」那時候開始，我反覆讀教科書多達二十遍。從第十遍開始，慢慢達到了極限。儘管如此，每次覺得再也讀不下去的時候，我就逼自己再讀一遍；覺得這次真的讀不下去的時候，又再讀一遍。如此一來，在考試中出錯的情況開始明顯減少。反覆閱讀的效果還不僅止於此。

首先，讀書的速度變快了，甚至讀書的眼力也增強了。我能夠分辨教科書中哪一部分是關鍵，哪一部分需要更仔細閱讀。多虧於此，學習的時間大幅縮短，還能繼續維持不錯的成績。即使進入高中後，我也能繼續維持優異的在校成績。不斷反覆閱讀的經驗，培養了我讀書的能力。

反覆的行為令人感到厭倦疲憊，每每考驗著忍受的極限，但是反覆的效果出乎我們的預期。**讓我們盡情反覆閱讀吧！你的閱讀能力將因此提升。**

## 寫完所有考題，必能得到基本分

高中三年級時，每次考完大學模擬考試，我的國語成績總低於數理、社會、理化和外語。考試當天的身體狀況，也會影響分數的高低。所以我下定決心，要把各大補習班出題的全國模擬考題「全部」寫完。當時書店販售的是各月模擬考題題本，我一本不落地全買回家寫。

這麼一來，我開始能掌握不同補習班的出題風格。之後只要看到題目，就能立刻知道是哪間補習班出題的。同時，我也發現考試出題的方式有一定的侷限，進而掌握了試卷的整體出題方向。甚至也開始能預測未來試卷可能會出現哪些題目。像這樣盡可能接觸越多的考題，自然而然解題的眼力、學習的眼力也提高了。

## 熟背書本的目錄，就能看見該科目的架構

在準備行政考試時，我曾經聽過大學前輩這麼說：「想通過國家考試，必須讀書讀到睡

醒的時候，還能立刻寫下考試用書目錄的程度。」起初聽到這句話時，我也懷疑是否有必要讀到那種程度，後來在開始準備行政考試的過程中，我才了解那句話的意義。

熟背目錄的目的，是為了理解整個科目的架構。唯有熟悉每個科目的架構與開展，才能在論述題上發揮實力。不過不是要勉強背記目錄，而是要在學習的過程中自然而然熟記。一旦掌握了架構，未來即使遇到必須應用的新業務，或是學習新的概念時，也會因為與學過的架構相似而能更輕易理解。

進一步來看，掌握架構等於掌握了該科目整體的開展。學習時多留意目錄，自然能在學習過程中將目錄背下來。這時最好熟背目錄，謄寫在白紙上，並且將目錄對應的內容濃縮整理下來。如此一來，便能掌握該科目的內容如何開展。

## 跨越極限的學習，可強化專注力

我在準備特許金融分析師第一級的考試時，不巧遇上公司業務最繁忙的時刻，學習時間非常有限。因此不得已工作到考試前一天晚上，接著熬夜準備考試。結果翌日到了考場，不但覺得肩膀痠痛，身體狀態也非常差。儘管如此，當天的緊張感和專注力反倒得到最大的提升。

在緊張感和專注力達到最高狀態的情形下拿到試卷，便再也聽不見監考官的聲音和其他噪音，只有考卷上的文字一一進入我的眼中。這種完全沉浸於考試中的狀態，又稱為「心流（flow）狀態」。所謂「心流狀態」，是池田義博在《日本腦力錦標賽五冠王「超高效記憶術」》一書中介紹的概念，指的是心無雜念、全然專注於眼前的任務，並且能發揮優異表現的心理狀態。

處於心流狀態時，我們可以完全專注於自己眼前的目標，而不會有多餘的想法，心中想的只有如何做

跨越極限，提升實力

得更好。在棒球選手眼中，棒球猶如靜止在中；在足球選手眼中，傳球的方向早已畫好一道虛線。在考場中進入心流狀態，便能將自己的實力發揮到極限。經歷過心流狀態後，在面對其他考試時也能達到同樣的狀態。換言之，考試時的專注力將越來越高。

在學習過程中，經常會有無法集中精神的情況。然而透過努力，還是能夠提高專注力。只要你試著在達到極限的時候，咬牙再挑戰一次，而那正是體驗心流狀態的絕佳機會。我之所以能經歷心流狀態，不是因為我是特殊的人物，我也多次和極限碰撞過。我只是透過親身經驗，學習到跨越難關必定能獲得成長的事實。**在多次克服極限的過程中，學習的能力將得到提升。比起多次通過簡單的考試，用心準備一次相對吃力的考試，藉此嘗試跨越極限，對於提升實力更有效果。**讓我們一起挑戰真心想通過的考試，打破自身的極限吧！

當然，這個過程是痛苦的。雖然教練可以在一旁給予指導，但是提舉啞鈴的人只會是你，而不會是別人。儘管如此，挑戰成功後的成就感也會是你的。

# 19 生活管理 管好日常生活，讓學習事半功倍

「現在體力大不如前，沒辦法再學習了。」

「年紀大了，一轉身就忘得一乾二淨。」

這些都是職場人耳熟能詳的話。在職場上工作久了，似乎免不了記憶力衰退，再怎麼學習也會立刻忘記。體力也同樣逐漸衰退，坐在書桌前立刻昏昏欲睡。和田秀樹在《五十歲的學習法》中指出，意志力一般在五十歲中後開始降低，而認知能力在五十歲前後退化。

上了年紀，必能切身體會到學習成效會隨著生活方式改變。身旁的人也會告訴你各式各樣的生活管理法，說這些訣竅有助於學習。現在起，別再道聽塗說了，只要記住幾個必備的生活管理法則，記住真正的關鍵即可！

## 確保睡眠時間

專家建議，一般人一天至少要睡六小時以上。我雖然同時兼顧上班和學習，不過也盡可能睡六小時以上。如果睡眠時間少於六小時，隔天下班回到家，必定累得癱坐在書桌前。

事實上，如果比必需睡眠時間少睡一個小時，隔天的業務效率或學習效率就會降低百分之三十。如果不是考試前一天必須臨時抱佛腳，最好晚上睡六小時以上。職場人的學習最重要的是持之以恆，比起縮減睡眠時間來學習的方法，最好在確保睡眠時間的前提下進行高密度的學習。

不僅是睡眠時間，就寢和起床的時間也同樣重要。我建議晚間十一點半至十二點之間就寢，上午六點半至七點間起床。約有百分之九十四的人，生理時鐘是晚間十一點就寢，隔天上午六點至七點間起床。生理時鐘為凌晨兩點至三點間就寢的人，約占百分之五；晚間九點至十點間就寢，凌晨三點至四點間起床的人，約占百分之一。總之，多數人的生理時鐘是晚間十一點就寢。根據自身生理時鐘維持良好的生活習慣，更有助於管理學習的精力。

## 一早立刻起床的方法

睡得好固然重要，早上按時起床也很重要。我也容易賴床，大學時甚至曾經不選上午的課。在開始上班後，為了上班不得不早起，這段時間嘗試過各種起床的方法。

首先，我會設定比預定起床時間早二十分鐘的鬧鐘，接著再設定另一個預定起床時間的鬧鐘。換言之，除了原本預定起床的時間外，也會設定另一個早二十分鐘響鈴的鬧種。假設早上六點五十分起床，先設定六點三十分第一次的鬧鐘，再設定六點五十分第二次的鬧鐘。

聽到六點三十分的鬧鐘聲後，從夢中緩緩醒來。稍微再躺一會，等六點五十分的鬧鐘響起，就能完全醒來，起床後精神抖擻。據說在深度睡眠時，忽然因為巨大聲響醒來，可能導致頭痛的情況。

另外，前晚可以先買好想吃的食物。一早起床，棉被外的世界總令人卻步，只想繼續待在床上，這時如果有想吃的食物可以吃，就能更快刺激自己起床。我起床第一件事便是吃東西，只有吃了東西，才能真正從睡夢中清醒。食物永遠是最大的誘因。飯後洗個澡或洗把臉，就能從混沌中完全清醒。

## 養成促進腦部運作的生活習慣

根據檢測腦部活化與水分補給之相關性的研究結果，腦部有百分之八十由水分組成，因此只要經常喝水，就能增加腦部思考的活動力。

此外，堅果類富含的不飽和脂肪酸也是幫助腦部健康運作的必需營養素。平時多留意這些訊息，養成促進腦部運作的生活習慣吧！

為了促進腦部的活動，我在學習時也會大量喝水，並且透過水分攝取調節體溫。成人每日建議水分攝取量為兩公升，各位不妨以此為目標，天氣熱時多喝冰水，天氣冷時多喝溫水，養成透過水分攝取維持一定體溫的習慣吧！

## 每日簡單運動

步行與簡單的體操能給予腦部刺激，保持腦部清醒，而跑步能提高記憶力。

據說在古希臘，人們都知道步行有助於腦部的活化，當時的天才們也力行實踐。我在學習時，也是每天到附近的操場或健身中心跑步十五分鐘以上。

# 私下進修要不要對公司保密？

想必每個職場人都曾經煩惱過，是否該將私下進修學習的事告訴公司。如果你想離職，並且正在進行和目前業務毫無關係的學習，這種情況當然要避免公開，不過如果是為了充實自我而學習英文或準備證照考試，就比較難說了。許多人擔心的是，「會不會說了正在進修，反倒讓公司覺得我疏忽了業務？」「會不會被誤會成我要準備跳槽？」

## 一開始盡可能保密

除了和業務有直接相關的學習外，在決定進修的初期階段最好保密。就我來說，除了為適應新的業務而進行的學習或英文學習，其餘學習都不曾告訴公司的任何人。如果職場同事知道我開始私下進修，肯定會問我什麼要進修，對我連番提問。一一回答他們的問題，就足以讓人感到厭煩。

職場人決定考取證照的初期，並不能保證自己可以堅持到底，學習過程中隨時可能因為不適合而放棄。如果讓旁人知道自己正在進修，而自己卻在中途放棄，最後可能被視為沒有耐心的人。所以在開始學習的初期階段，最好盡可能向公司保密。

## 應對不同情況的問答法

雖然盡可能不要在公司學習，不過如果想節省時間的話，也可以利用零碎時間或午餐時間收看課程或閱讀。可是這麼一來，又會被職場同事發現自己在進修。這時只要熟記幾個應對不同情況的問答法，就能自然地隱瞞這件事。我個人應對不同情況的方法如下。

### 特殊情況：隱瞞進修事實

- 準備美國註冊會計師考試時

職場同事：咦？你在讀什麼？

我：（給同事看英文教材）我在學英文。

- 午休時間收看函授課程時

職場同事：你在看什麼課程呀？

我：我們不是有線上教育訓練課嗎？我在看的就是那個。

- 看補習班發的文宣品時

職場同事：那個（文宣品）是什麼呀？

我：朋友在寫研究所論文，要我幫忙看一些資料。

- 考試用書擺在書桌上時

職場同事：那是什麼書啊？

我：業務需要買來參考的，想說以後可能要準備考試。

## 進修的事實傳開後，巧妙避開問題

經過幾個月的學習，職場同事自然會知道你在進修的事實。附近的同事可能發現你書桌上的考試用書，你也可能在聊天時無意間透漏正在進修的事實。接著這件事將成為「茶水間八卦」，快速散播至公司的各個角落。我一開始也保密，經過一段時間後，便沒有刻意對偶然認識的職場同事隱瞞。對於職場同事的問題，我盡可能自然而然地敷衍過去。職場同事問我：「為什麼要準備美國註冊會計師考試？」我回答他們：「就誤打誤撞開始準備了。」如果問我：「考試準備順利嗎？」我便回答：「哪有什麼順不順利的，就是試看看。」無趣的回應，是避免話題繼續下去的最好辦法。

## 第4章

# 花最少時間、輕鬆通過考試的攻略

# 20 明明認真準備，為什麼還是落榜？

「明明我這麼努力學習了，為什麼每次考試都落榜？」

這是我一直以來最常被考生問到的問題。許多職場人為了未來努力學習，滿心期待著努力學習可以換來合格，但是準備考試並順利通過，對職場人而言談何容易。

努力究竟能否換來合格？要是那樣該有多好。坦白說，以為努力學習就能通過考試的想法，本就大錯特錯。當然，不努力肯定連合格的邊也搆不上，不過就算努力學習，也不保障一定能合格。旁人只能說些鼓勵的話，「努力就會考好成績的，好好學習吧！」他們之所以這麼說，一來是為了要激勵你努力學習，二來是要給你「努力就能成功」的信心，讓你覺得辛苦學習會有代價。但是努力學習有可能通過考試，也有可能落榜。其實人們越是努力投入學習，越容易逃避現實。為什麼單憑努力無法成功？以下將試著分析這個問題的具體原因。找出原因後，才能進一步掌握學習的技巧。

## 競爭者也在努力學習

公務員考試和各種深受歡迎的證照考試，歷來競爭都相當激烈。報考人數永遠比錄取人數高出數倍，所有人無不努力學習。然而在拚命準備考試的考生當中，只有極少數人能通過考試。

舉例來說，二〇一八年韓國國家七級公務員公開招募的筆試最低錄取分數為八十分，分數在八十分以上的考生有二二八人；分數在七十至八十分之間的考生有四七一人。如果從最終錄取人數一七四人來看，可知超過錄取人數數倍的考生徘徊在最低錄取分數附近。不動產經紀人考試和稅務士考試也相差無幾。就目前情況來看，單憑努力學習並不能保證合格。

## 知道得多不代表一定合格

有時我們不禁懷疑：「怎麼想都不對，我明明比其他人準備得更久，讀的書更多，為什麼還是沒有合格？」但是，如果你以為知道得多代表獲得高分的機率變大，那就錯了。

我不是說學得再多，也得不到高分。先從考試的本質來看，本就侷限於考題出的範圍。就算你知道得再多，如果考題中沒有出現，那些知識只會是和成績毫不相關的知識。儘管如此，我們也無法事先預測考試的內容，所以必須掌握所有範圍才行。為了獲得高分，我們不應該再加強已經熟悉的部分，而是要補救沒有把握的部分，這才是更有利的策略。

此外，有些人再怎麼努力學習也看不見成效，然而從他們的學習習慣來看，大多是將考試中不太出題的部分看作與其他部分同樣重要，並且投入大量時間準備。這種並未跟著考題重點走的學習方式走，就算再怎麼努力學習，最後也得不到好成績。部分考生甚至因為自己認為重要的部分沒有出現在考題中，而懷疑考試的客觀性和公平性。

**要知道我們並不是作為學者在學習，我們只是為了應付考試。大多數考試只要好好寫考古題，就能知道出題範圍和出題方式。**以特許金融分析師考試為例，該考試甚至提供考生課程教材，告訴考生必須學習的內容。在準備這項考試時，必須根據正確的指引判斷不同內容的重要度，均衡學習所有範圍，才能獲得高分。

努力學習的人最常犯下的錯誤，是花太多心思在解開高難度的問題，卻又在真正簡單的問題中頻頻失誤。答對一題真正困難的問題，又寫錯一題簡單的問題，結果成績依然沒有進步。也許你還沒有這樣的自覺，不過越是努力學習，犯下這種失誤的可能性越高。其實在考場中，經常會出現一、兩個意料之外的考題，越是接近考試，我們越擔心考試中可能出現未知的考題，於是逐漸把重心轉往高難度的問題。越是努力學習的人，越有非考出好成績不可的壓力，出現這種情況的機會就越大。然而想要通過考試的話，最重要的還是在於掌握好已經爛熟的簡單考題。

我們常誤以為學過的東西在考場上一定可以答得出來，不過根據我個人經驗，在考場上零失誤的情況少之又少。最有效的應考方式，是完全答對預料之中的考題，至於其他考生也覺得困難的考題，只要有信心答對六到七成以上就行。

## 模擬考和實際考試的水準不同

如果你是在補習班準備考試的考生，通常考試前都會參加模擬考。有些人在補習班的模擬考明明都考得不錯，實際考試得到的成績卻不理想，覺得委屈難過。可是，模擬考和實際考試在許多方面存在相當大的差異。首先，模擬考是由補習班講師或模擬考題本公司的研究團隊出題，而實際考試則大多由大學教授或相關業界的從業人員出題。

因為模擬考是將考古題修改後出題，所以對考古題出題方式越熟悉，分數就越高。但是實際考試中經常出現新的題型和過去不曾出現的內容，沒有人能預測會出現什麼樣新的考題。例如專攻某個領域的專家擔任出題委員，考題就可能偏重他的專業知識。

準備考試時，必須把學習重點放在基本概念和整體架構上。如果試題中出現不會的問題，只能仔細閱讀題目後，利用基本概念回答。即使出題委員出了新的題型，也不會刻意提高難度，大多會給予提示，讓考生盡可能根據基本概念回答問題。如果新題型的難度較高，那也不會是決定合格與否的考題。這種時候最好放棄困難的題目，要避免在其他題目中失誤才是。

對模擬考成績的得失心不必太重。學習最重要的是實力逐漸提升，所以務必要持之以恆、堅持到底。就算每次模擬考成績都不錯，通過考試的可能性提高，也不代表最後一定可以合格。必須步步為營，虛心學習到最後一刻。

## 考試不是只測驗你的努力成果

許多人以為考試可以檢測考生的努力程度和能力，其實不盡然如此。考試當天腦袋中的知識、考場上的判斷力和爆發力、管理緊張情緒的能力、身體狀態、運氣等，各種因素都會影響考試的結果。換言之，再怎麼努力準備，其他因素也會影響考試合格與否。所以在考試之前，**除了不可抗拒的變數，其他可能影響結果的因素都要盡可能做好管理。唯有事先預想可能影響考試成績的因素，並做出適當的努力，才能得到期待的回報。**

必須知道為什麼自己明明盡了全力，卻依然沒有通過的真正原因，才能避免重蹈覆轍。我擁有豐富的考試經驗，失敗的經驗自然也不少。重新思考失敗的原因，就能看見通往考試合格的道路。

既然已經掌握了考試失敗的原因，現在應進一步了解通過考試的方法。首先，我們必須知道考試型學習的特性，接著採取迎合考試的方式學習，並制定有效應對考試的策略。現在起，我將從這三方面說明職場人準備考試時的必要策略。

## 通過考試的三個方法

1. 掌握考試型學習的特性。
2. 採取迎合考試的方式學習。
3. 制定有效應對考試的策略。

# 21 考試的真相 破除對考試的誤解，讓努力和成果成正比

「想要專心學習，就要坐得住。」這是許多人津津樂道的名言。他們以為長時間坐著看書，就能更靠近合格一步。其實不盡然如此。

如果你的學習方向和合格毫不相干，那麼任何努力都無助於提高成績。我們必須了解考試型學習的特性，朝通過考試的方向學習。要是努力的方向錯誤，就算再怎麼長時間努力學習，也難以看見期待的成果。努力和成果不成正比時，只會給人更大的壓力。

此外，我們在準備考試時，經常對考試存在一些誤

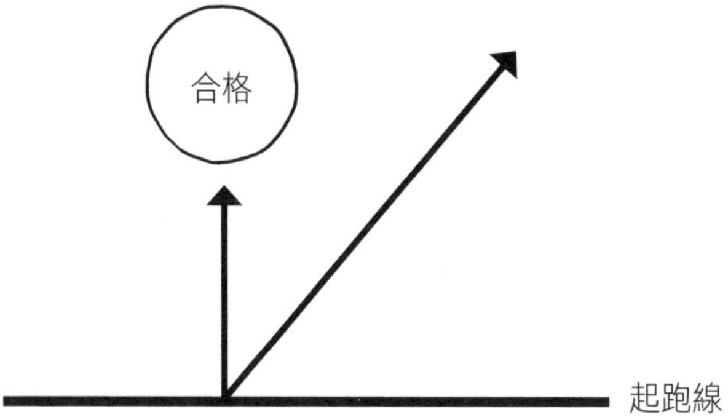

朝錯誤的方向努力，只會離合格越來越遠

解。請檢查以下內容，思考自己是否有符合的情況，並試著擺脫對考試的誤解吧。

## 認為自己一定會合格

沒有人會為了落榜而準備考試，但如果提前知道寒窗十年也不一定合格，大概也不會有人想準備考試了。許多人擠破頭想考上的考試，競爭率大都偏高，例如二〇一八年韓國九級公務員公開徵選的平均競爭率為四十一比一。從競爭率來看，只有天選之人才能通過考試。

人們大多抱持盲目的期待，以為努力學習到考試平均準備時間（多數考生通過考試所需的準備時間），自己的名字就會出現在合格名單內。他們只在意投入的學習時間和閱讀的次數，相信自己達到那樣的程度即可通過考試。也有不少人以為只要在自習室或圖書館待滿一定的時間，就是努力學習。甚至一個小時內有五十分鐘東摸西摸，最後十分鐘隨便翻幾頁書，便以為自己已經學習了一個小時。如果你正屬於這種情況，請善用計時器計算自己真正學習的時間，如此才能知道自己實際的學習情況。

反之，也有人不顧一切先讀再說。其實並非用功學習，認真聽課作筆記，自己的實力就會提高。如果在考場上寫不出自己學過的東西，那麼之前的學習只是白費。檢驗學過的內容是否已經進入腦中，是不可忽視的步驟。必須用數值化的方式檢測自己的實力才行，就像模擬考分數一樣，測出自己多少程度記住書中的內容。

## 自我合理化

有些人為了正當化自己錯誤的學習方式，選擇性接受模擬考結果和別人的考試經驗，用來說服自己。例如有人分享了「大量解題就能考上」的經驗，他們便深信不疑。想要掌握某個科目的架構，必須在仔細閱讀考試用書後練習解題，但是這種傳統學習法的問題在於耗費太多時間，相比之下，單純大量解題的方式較節省時間。就算不是這樣，閱讀考試用書的步驟也令人厭煩，這時候看到合格考生的經驗談，自然選擇性認定為至理名言，堅信只靠練習解題就能考上。但是這麼一來便無法掌握該科目的架構，所以這並不是保證你通過考試的有效學習法。

甚至有些人在考完模擬考後，只承認分數較高的幾次模擬考結果，而對於成績不佳的模擬考，就用出題出得不好的理由自我合理化。那種想法確實能讓當下的自己好過一些，但是自我合理化最後只會讓你在實際考試中嘗到苦果。

## 從不對的地方尋找失敗的原因

考試沒有得到預期的高分，自然會感到懊悔和自責。但是有些人為了抒發這種情緒，卻在不對的地方追究責任。他們心裡想的是，「要是朋友那天沒有打電話找我喝酒的話……」、「要是補習班講師考前猜題再準一點的話……」，認為是外在原因導致他們沒能通過考試。

但是別忘了，任何考試結果的責任都在自己身上。禁不起朋友的誘惑、選擇補習班講師，都是自己做的決定。如果考試的結果不盡理想，必須努力冷靜找出自己有所不足的地方。請記住，再怎麼責怪環境，也無助於提升自己的實力。

## 和其他人相比

有時看起來學習不比自己認真的朋友通過了考試，自己卻不合格。這種時候難免會喪失學習的動力，以為自己「果然不是讀書的料」。一旦喪失鬥志，將導致學習效果不佳，並再次得到不理想的結果，淪為惡性循環。

我們所看到的人，並不是他的全部。很多時候通過考試的朋友表面看起來比自己不認真，事實上卻不是如此。如果真有朋友完全不學習，卻運氣非常好地通過考試呢？就算如此，那也是他個人的問題，和我準備考試一點關係也沒有。因為那樣的朋友而消耗自己的情緒，對考試毫無幫助。

其實人生在世，多少會陷入上面介紹的幾種誤解中。唯有擺脫這種誤解，才能達到有效的學習。不陷入誤解之中，才是準備好考試的開始。

## 戰勝讓自己考試失利的誤解

1. 拋棄「一定會通過考試」的盲目期待。
2. 不是坐在書桌前就是學習。
3. 自我合理化對考試合格沒有幫助。
4. 為考試當天的身體狀態負責。
5. 別忘記自己的競爭者也正全力以赴。

# 22 再怎麼努力，為什麼學習成效不如預期？

**考試型學習的特性**

「明明很認真準備，分數卻一點也不見起色。」不少人向我吐露心中的委屈。他們甚至用計時器以秒為單位分配時間，無時無刻不在學習，成績卻上不來。和這些抱怨努力學習卻看不到成果的人聊過後，我發現不少人的學習方法有問題。

目標突破終點線的人，在跑步機上再怎麼努力跑也沒有用。應該立刻從跑步機上下來，跑向真正的終點線。換言之，如果選擇了錯誤的方法，再怎麼努力也不會得到預期的成果。接下來，我將介紹考生們經常使用的錯誤方

在跑步機上再怎麼努力跑，也到不了終點線

法，不妨藉此反省自己，改變學習的方法吧！

## 無意義的反覆學習

「不是說反覆學習很重要嗎？」

反覆學習當然是有效的學習方法，但是無意義的反覆學習毫無幫助。不少人執著於一天的學習時間或閱讀次數，一味追求目標學習量，卻期待成績有所提升。其實比起閱讀次數，更重要的是「如何反覆學習」。如果已經反覆學習好幾次，成績依然沒有提高，代表你正用錯誤的方法反覆學習。例如考古題已經寫了五次，第六次依然花了不少時間，那就是用了錯誤的方法學習。

我們來看看幾種無意義的反覆學習。第一種是不求甚解，只求讀過的類型。因為家長和老師大多以讀過幾遍、學習幾小時當作學習量的認定標準，導致許多學生只把重點放在達成數字上的目標。即便進入公司上班，在準備證照考試時，依然只專注於閱讀的次數，像是為了善盡當日的義務。他們不求理解學過的內容，只追求學習量，想要盡快擺脫學習的義務。如此一來，學習量便流於「形式」，對分數毫無幫助。

第二種是讀完考試用書後，立刻用相同的方式再讀一遍的類型。化妝品抹在身上，需要一段時間才能被皮膚吸收，同樣地，大腦在辨識與記憶學過的內容時，也需要一段時間。據說讀過一遍後，立刻用相同方式再讀一遍，這種作法並不能達到閱讀兩次的效果，而是和閱讀一遍的效果沒有兩樣。多倫多大學的安道爾・托爾文（Endel Tulving）教授與英國的心理學家艾倫・貝德利（Alan Baddeley）透過實驗，發現沒有間隔一定時間再反覆學習，對於記憶沒有太大幫助。

最後一種是不了解出題重點，以同等比重閱讀全部內容的類型。用這種方法，就算題本再多看幾遍，成績也不會提高。只有著重考試可能出現的關鍵段落，加強閱讀，才有助於提高分數。在寫題本時，想用相同的強度將全部內容背下來，結果便是什麼也記不住。

那麼，該怎麼做才能減少無意義的反覆學習呢？首先，最好養成一邊閱讀考試用書，一邊整理重要內容的習慣。試著將該段落的內容簡單摘要，並寫在書本的空白處。每天結束學習前，重新複習當天整理的內容，就能留下深刻的印象。

第二，解題的同時，分析考卷的每道題目。我建議寫下考題中經常被改成錯誤選項的地方，並檢查自己可能出錯的部分，日後再回過頭仔細檢查。

## 不讀考試用書，只寫題本

不少人在準備考試時，為了盡快達到目標，選擇用題本來學習。如果是只有選擇題的考試，或許仔細寫完題本就能合格，但是堅持解題為主的學習方法，反倒可能使你成為「萬年考生」。

知道的東西再多，也必須經過系統性的整理，才能在實際考試中獲得高分。解題式的學習沒有系統，學習量越大，越難整理起來。雖然閱讀厚重的考試用書要花不少時間，但是考試用書清楚整理好該科目的所有內容，有助於系統掌握該科目。所以一開始學習時，最好至少仔細閱讀考試用書一遍，了解主要的概念。

## 看著答案解題

考試迫在眉睫，沒有時間學習時，有些人會將答案寫在題本上，試著將題目背下來。這種方法在危急時刻也許能提高幾分，但是就長遠來看，只會降低學習能力。因為這種方法不利於取得高分。

不斷練習解題的過程，才是最重要的。必須實際解題，思考如何答題，才有助於記憶。尤其像數學、經濟學這些經常考應用題的科目，更是如此，一定要實際寫過題目一次以上。一開始學習的時候，不必計算解題時間，到了接近考試時，再多練習在考試時間內寫完題目，才能避免在實際考試中出錯。

## 單純聽課，從不複習

也有些人貪圖方便，只靠上函授課程學習。在課程講師的親切說明下，既能快速理解，又能輕鬆學習。但聽懂講師的說明，不代表課程內容就完全「屬於你的」。更多時候是在聽課的當下理解，但自己重新翻看又無法理解。在學習過程中，跳過「藉由閱讀吸收書本內容」的步驟，導致我們自行掌握知識的能力逐漸降低。解題也是一樣，看完講師解題的過程後，似乎都能理解，但是重新解題時，卻經常答不出來。自行找出答案的練習千萬不可少。

## 堅持錯誤的學習方法

每個職場人都有自己一套學習方法。但是在學習方面有過成功經驗的人，通常會堅持自己的學習方法。這可能是自尊心的問題，也可能是他們不願接受變化。

但是隨著時間改變，考試制度或出題方式不斷推陳出新，最有效的學習方式也並非全然適用於所有的情況。過去成功過一次的方法，可能並不適合現在。我們必須時時檢視自己目前的學習方法，努力追求最新、最好的學習方法。如果考試結果不理想，也要客觀分析原因，才能避免再次失敗。

## 減少無意義學習的方法

1. 別只聽課而不翻開書本。
2. 寫下今天學過的內容。
3. 丟掉只寫題本的習慣。

面對考試的態度❶

# 23 考試常勝軍和考試常敗軍的差異

一開始準備考試時，所有人似乎沒有太大差別，經過一段時間後，從考試結果可以看出兩種人，一種是經常榜上有名的人，一是經常落榜的人。在我身邊朋友中，有人一舉通過司法特考、韓國註冊會計師考試、美國律師考試、美國註冊會計師考試；反之，也有各種考試落榜的類型，例如挑戰考試多次，卻只在第一階段合格，最終沒能通過考試的人，或是總是離合格分數差不到幾分，十年來數度飲恨的人。

考試常勝軍和常敗軍的差異從何而來？在我仔細觀察過許多人後，發現這個差異一開始非常微小，可是在日積月累下，最後導致了「合格」和「落榜」兩個完全相反的結果。以下將準備考試的過程分成幾個階段，分別介紹「考試常敗軍」和「考試常勝軍」的主要特徵。

## 思考參加什麼考試的階段

參加的考試類型，將會影響了一個人學習的動機和意志，所以務必審慎決定。當然，考慮太多也是一個問題。如果只是在內心糾葛該怎麼開始才好，導致浪費太多時間，這種行為並不可取。反之，如果只想著「我不知道怎麼做才好，反正先試試看再說」，便糊里糊塗開始學習，最後將面臨各種挫敗。唯有明確分析過考試的優缺點後，毫不猶豫地做出決定，並且堅持到最後，才有可能成功。

## 開始學習的階段

「好的開始是成功的一半。」在為考試學習時，好的開始同樣重要。開始學習前，必須擬定好學習計畫。一開始高估自己的能力，設定高難度的讀書計畫，可能讓你半途而廢。最好先掌握自己的學習量，擬定合適的學習計畫後，再開始準備考試。

此外，一旦開始學習，生活方式也必須轉變成應考模式。例如原本有在週末和朋友小酌的習慣，在準備考試期間必須克制。經常有人認為「如果只是一成不變的讀書，沒辦法紓解準備考試的壓力」、「一星期只有一、兩天放鬆，不會影響學習」，想繼續保留那樣的習慣。但是請務必記住，如果繼續維持不利考試的生活型態，就算只是一個小習慣，都會增加達成合格目標的時間，並降低合格的可能性。最好盡可能按照自己的計畫過著單純的生活。

以為自己理所當然會通過考試的過度自信的想法，反倒容易讓自己在學習過程中遭遇一點小小的失敗，便承受巨大的挫折。這些人在學習時，以為自己的分數一定會持續提高，一旦分數沒有達到預期結果，立刻變得焦急、不安。然而實力不可能一蹴可幾，我們必須拉長學習的節奏，就像一磚一瓦造出一棟建築一樣。

## 考試常勝軍的特徵

- 學習目標清楚明確。

- 持續檢視個人實力有無因學習提高。
- 知道自己一天的學習量有多少。
- 不養成破壞學習的不良生活習慣。

## 考試常敗軍的特徵

- 學習目標不明確，經常三心二意。
- 花更多時間在擬定計畫，而非學習本身。
- 以為坐在書桌前就是學習。
- 幻想在考場上會有好的結果，並合理化這種想法。

## 正式學習的階段

正式開始學習後，必須檢視自己的學習是否有助於提高實力。我們知道並非坐在書桌前就是學習，所以需要適時檢視自己的實力有無因學習提高。

越是長期抗戰，身體和精神狀態的管理就越重要。看著日漸提升的實力，從中感受到學習的樂趣，才能繼續堅持下去。如果分數沒有提高，應持續思考該如何改善，嘗試解決問題。心存僥倖，以為「船到橋頭自然直」，因而延誤了解決問題的時機，將使你離合格越來越遠。

## 考試前的收尾階段

考試前如果沒有確實做好收尾，可能使你無法發揮學過的內容，進而得到令人失望的結果。隨著考試的逼近，考生越容易感到不安。「如果出現我不會的問題，該怎麼辦？」因為我們不知道突襲（意料之外的考題）會從什麼地方出現，所以就算寫再多、再困難的題目，不安的情緒也難以消除。這時必須利用基礎概念來答題，才能減緩不安。

尤其到了考試前一刻，補習街上總會出現各式各樣的模擬考題本。這些題本有時會出現非常細枝末節的內容，或是過去從沒見過的新的內容，這時可不能受到題本影響。因為考試前一刻如果還執著在困難且陌生的內容，可能使你疏忽了書中基本的內容。學習陌生內容的時間，盡可能控制在一個小時或回答幾個題目以內，把大部分的時間用在複習過去學過的內容，才是最有利的作戰方式。

## 考試常勝軍的特徵

- 專注複習各科目中的基本概念。
- 加強不熟悉的部分，減少背記的分量。
- 減少需要學習的分量，有助於提高信心。

## 考試常敗軍的特徵

- 對該科目的架構掌握不充分，急著背下所有內容。
- 因為不安而將重點放在困難且無關緊要的部分。
- 不斷上網查考試經驗，無法克制不安的情緒。

## 考試結束後

我之所以能夠通過各種考試，原因在於考完試後的行為和其他人不一樣。正如同從暗處走向明亮的地方，瞳孔需要一段時間接受光線，考試結束後，也需要一段時間重新適應日常生活。考試結束後，需要一段「緩衝期」重新設定日後計畫。尤其職場人結束考試型學習後，體力會大幅下降。考完試後大玩特玩，反倒加速體力的衰退，更可能一不小心大病一場，所以考試結束後需要一段恢復體力的時間。考試結束後以何種方式恢復體力，將決定你下一次考試的成功與否。

**想要盡快通過考試，你必須具備何種態度？**

1. 以謙虛、沉著的態度面對考試。
2. 精準且具體掌握通過考試不可或缺的要素。
3. 養成邊思考邊學習的習慣。
4. 逐步縮減學習的範圍。
5. 拒絕過猶不及的生活習慣。

# 24 避免學習注定失敗的關鍵

## 面對考試的態度 ❷

大學生B不僅是全系第一名，更在社團中擔任社長，活躍於社團活動中。旁人總是不吝於稱讚B「會讀書」、「有責任感」、「活動積極」，他也度過了成功了大學生涯。之後他挑戰公務員考試，開始了一個月整天窩在自習室讀書的生活。然而每天只有學習的日子，讓他不禁懷疑這樣的學習是否真有成效，進度也開始走向停滯。「我這麼會讀書，還拿過全系第一名，難道就只有這樣的能耐嗎？」

像這樣在學期間成績名列前茅的人，也可能莫名其妙在準備考試時受挫，得不到預期的成果。這是因為他們用了不適合考試的學習法來準備考試。在準備公務員考試時，必須使用有別於大學時的學習方法。大學階段只要準備期中考、期末考前上過的範圍即可，但是公務員考試必須長時間（一到兩年以上）全天學習才行。因此，如果不轉換成適合公務員考試的讀書方法，將會在一開始感到驚慌而屢屢受挫，這樣的挫折感又將造成信心喪失，最後落入失敗的境地。

這些人在學習時，並未發現差異正一點一滴擴大，直到某個作為導火線的特定事件發生，才瞬間品嘗到失敗的苦果。「我怎麼會變成樣？」當他們心中出現這種想法時，一切已經太遲。我們必須知道決定學習失敗的關鍵，在問題出現前盡速應對，才能阻止失敗。職場人經常因為以下原因導致學習的失敗。

## 不明白學習的必要性便草率開始

如果當事人不明白自己為什麼要學習，只是在旁人的建議或強迫下開始學習，這種學習很可能會變成「盲目型」學習。在求學階段，許多家長用家教或補習的方式半強迫孩子學習。那樣的學習或許有助於提高班級排名。但是職場人如果沒有體認到學習的必要性，再怎麼學習也很難看見成果。

如果是遵循旁人的建議開始學習，一開始或許還能學得不錯，但是這種學習維持不久。當你心中開始對學習產生懷疑的那一刻起，學習的成效將一落千丈。所以，職場人應主動找出必須學習的理由。在準備任何考試前，應先仔細思考這個學習的必要性，而這種態度將會深深影響學習的動機。

## 戰勝不了挫折和不安

進入職場工作後，如果還抱著「辛苦學習就能有所回報嗎？」的懷疑心態學習，實力將難以大幅提升。再說有過經歷失敗的經驗後，挑戰的欲望只會更加低落。在提不起勁的狀態下無論怎麼學習，也不會有任何進展。這樣終將陷入「越來越討厭學習」的惡性循環。

學習初期的失敗可能發生在任何人身上，只要持之以恆，機會將在某一刻降臨。許多職場人因為沒有立刻得到自己期待的結果而感到挫折，並且自我放棄。感到挫折時，我們只有兩條路可以選擇。一是直接放棄，二是試著堅持到最後。

帶著「挫折感」學習，將使學習效率低落，而低落的學習效率又將導致你與合格漸行漸遠。再說經歷過幾次挫敗後，人們經常會有「這次準備的考試非通過不可」的焦慮和緊張感。但是，「這次也沒考過，會不會永遠被當作失敗者？」「這次一定要考上才可以，沒考上怎麼辦？」的焦慮感，只會降低學習的效率。越是覺得學習效率低落、學習不見起色時，心中的不安只會越發強烈。這正是討厭學習的惡性循環。如果學習不下去，不如盡早放棄。

但是職場人光是下定決心要學習，本身就是一件勇氣可嘉的事。那樣下定決心開始學習，最後卻輕言放棄，不是太可惜的嗎？既然鐵了心學習，何不把挫折拋在腦後，用盡全力奮鬥到底？別因為考試結果患得患失，只要按部就班學習，堅定繼續前進的決心，就能離合格越來越近。

## 因個人情緒破壞學習的節奏

家庭問題、和情人的分手……許多令情緒波動的事情頻繁發生，將會破壞學習的節奏。

我在上高中時，曾經發生這樣的事：有一位朋友在高中第一學期原本名列全校榜首，後來隨著時間的經過，在班上的排名逐漸落到中後段。之後聽本人說起，原來是他的父母分居，導致他無法專心學習，成績一落千丈。

職場人也是如此。當個人私事造成心理上的打擊時，就算再怎麼努力坐在書桌前學習，學習也不會有效果。所以遭遇心理上的重大困難時，不妨稍微延後計畫，先給自己安定情緒的時間吧！在心情七上八下時，不可能學得好，反倒可能在業務壓力上疊加學習壓力，引發身體上的疾病，所以最好給自己一點時間緩和情緒。

## 預防學習失敗的方法

1. 要有確實的學習動機，才能堅持到最後。
2. 既然下定決心學習，就要放下挫折感和不安感。
3. 遭遇心理上的困境時，妥善解決後再學習也不遲。

# 25 激勵自己學習成功的手段

## 面對考試的態度❸

在韓國電影《金權性內幕》（*The King*）中，喜歡四處滋事的高中生不良少年朴泰秀的父親，也是一位混得有聲有色的地痞流氓。某天，朴泰秀看見混混父親在西裝筆挺的人面前下跪求饒的模樣。這個西裝筆挺的人正是「檢察官」。於是朴泰秀知道，讓每一次打架都不曾輸過的父親下跪的人，正是「檢察官」這樣的身分。父親的模樣使朴泰秀深受打擊，他也下定決心要成為檢察官，並開始奮發學習。最後他進入夢寐以求的首爾大學法律系，並且通過司法考試，成為一位檢察官。

電影中的情節或許有些極端，不過在日常生活中，也有不少因為深受打擊而奮發學習的情形。例如因為學歷不高，遭到女友或男友家長嫌棄；因為英文不好，在公司不受重視……經歷過這些有損自尊的情況後，不少人因此燃起奮發學習的鬥志。部分網友為了激發學習的動力，甚至在網路論壇上要求其他人痛罵自己，這也是為了正視自己的不足，藉此強化學習動機所做的努力。

我在準備考試時，曾經幻想過要是學習一個小時，成績就能提高一分，那該有多好。但是這不過是幻想，實際上學習的時間或閱讀的頁數，和實力的提升並非成正比。**實力只在特定事件的激發下階段性成長，而下定決心學習或自覺學習必要性的那一瞬間起，學習效果將會提高，而成果也將會明顯增加。因此，我們必須創造讓學習成功的契機。**

## 在職場上發現學習的必要性

在執行各種業務時，發現自身實力的不足，這點就足以成為學習成功的基礎。在職場上，沒有什麼比「能力到用時方恨少」更令人難過的情況了。只要在職場上經歷過「不得不學習」的情況，就能大幅提高學習的動機。

我一開始被分配到國務總理室時，任職於經濟相關部門。大學雖然主修經濟學，但是實際工作後，才發現我在大學學到的知識沒有太大幫助。大學學到的內容和實務上需要的程度之間，存在著巨大的差異。讀著各個部門的報告、韓國銀行或各種民間研究機構的報告，那一刻我才體認到學習實務知識的必要性。

當我發現自己的不足，並開始學習後，不僅我的業務能力有所提升，在職場上的評價也越來越好。即使沒有看見學習成果，認真學習的態度也會帶來良好的評價，進而提高自己學習的興趣。因此，在你感受到學習的急迫性時，請別猶豫，立刻開始學習吧！在業務過程中發現自己的不足，這個自覺本身就足以作為學習成功的基礎。

## 下班後逛逛書局

養成下班回家的路上，思考今天要讀哪一本書、讀哪一類型書籍的習慣吧！我在光化門附近的政府首爾廳舍任職時，每次下班後有空，總會前往附近的書店。目的是為了聞聞「書的味道」。走進書店，各領域的新書等著我和讀者的到來。書店正是一處能直觀感受世界變化的空間。看著各類型書籍的作家，心中不禁浮現「大家的生活都很精采」的想法；而看著各式各樣的考試用書，也可以了解近期受歡迎的證照考試。

有時在書店內隨意瀏覽，意外對特定領域的學習產生興趣；有時和朋友一起到書店看書，也能成為彼此聊天的話題。好的想法是創造成功生活的開始。

## 接受旁人的刺激

有時身旁的親友也可以帶給我們絕佳的刺激。看著要好的朋友跳槽到不錯的公司，讓我們下定決心要更努力學習；看著書中或大眾媒體上的案例，也會使我們受到刺激。如果不與旁人交流，過著獨來獨往的生活，便不容易有所覺察。必須持續和外界交流，不斷接受刺激，才能促使我們思考如何讓生活過得更精采。

想要達到好的學習效果，最好持續接受外在的刺激。無論是在線下的聚會中與形形色色的人交流，還是從書中或電視上尋找他人成功的案例，都是不錯的辦法。世界瞬息萬變，生活方式也各異其趣。透過和不同人的對話，便能從中獲得刺激。

## 設定明確的目標

你是否曾在忙碌的生活中，有那麼一刻出現「我不能再這麼活下去」的想法？大學同學D君退伍後，決定挑戰司法考試，並且立刻著手準備考試。他每天足不出戶，學習十五個小時以上，如此經過一年六個月，最後終於成功通過司法考試。

由此可見，一個人的成就有多大，全繫於他下了多大的決心。堅定的決心背後，必須有明確的目標和具體的計畫做為後盾。如果你已經下定決心學習，卻依然猶豫「該準備這個考試好，還是準備那個考試好」，虛耗時間的話，這個決心終究難以開花結果。設定好目標後，還得具體計畫從今天開始施行的內容。在下班回家的路上，思考今後該學習什麼，也算是一個小小的決心。

## 安排提高學習趣味的活動

在學習過程中，看著逐漸提高的成績，心中滿是成就感和對學習的樂趣，於是更努力學習，進而又帶動成績上升。想要營造這種良性循環，就必須安排一些能維持學習樂趣的活動。假設學習的是不動產或股票投資，必須積極參加線下相關領域的聚會，將自己的所學分享給其他人，或者實際操作小額投資，試著從中獲利。唯有安排這樣的活動，才能持續提高學習的樂趣。別忘了，職場人必須感受到學習的樂趣，才能看見學習的成果。

## 如何創造學習成功的契機

1. 先從有助於業務的學習開始。
2. 透過閱讀對新的領域產生興趣。
3. 持續與他人交流，從中獲得刺激。
4. 持續安排能提高學習樂趣的活動。

# 26 考試策略❶ 如何少量學習，也能快速通過考試？

「有沒有能夠少量學習，又可以快速合格的方法啊？」相信正在準備考試的考生，每個人都有過這樣的疑問。我在準備證照考試時，也經常思考這個問題。而在我多方思考下領悟的訣竅，確實幫助我縮短了學習的時間。於是我在準備證照考試的過程中，只花費了一般考生平均準備考試時間的一半，便順利通過考試。

舉例來說，特許金融分析師每升一級通常要花九到十個月的時間，而我只學習了五個月；不動產經紀人考試平均花費一年，而我只準備了四個月。之所以可以縮短準備時間，是因為我使用了高效的學習方法，並選擇在短期內集中學習的方法。以下將以我準備不動產經紀人考試的經驗，介紹可以「少量學習，快速合格」的方法。

## 線上收看基礎課程兩遍

職場人沒有時間上實體補習班聽課，所以最好選擇函授課程。雖然利用函授課程可以輕鬆學習，但是可能在不知不覺中浪費了大量時間。想要高效準備證照考試，就必須盡量減少聽課的時間。所以**在線上收看完基礎課程兩遍後，盡可能別再聽解題課程或考前整理課程，而是直接開始自學，才能減少時間的浪費**。

我自己也是收看基礎課程兩遍後，盡可能不看解題或考前整理課程，而是自行閱讀、解題。因為起初在掌握科目內容時，線上課程確實能發揮極大的幫助，但是學習到了一定的程度後，反覆自學才能累積實力。

那麼，為什麼基礎課程不是收看一遍就好，而是要兩遍呢？收看第一遍時，只要專心聽講，並且盡可能將學到的內容筆記下來。因為是第一次接觸的內容，所以重點應放在理解學習的內容，而非默背或解題。利用這種方式，把所有考試科目全部看完。結束第一遍的收看後，應以最快的速度重新收看第二遍。

收看第二遍時，最好調快課程速度。雖然每位講師的語速各不相同，不過一般調快一・

二倍到一．四倍最為合適。這時，應一邊看著第一遍收看時的筆記，檢查自己的筆記有無漏抄，一邊聽講，並且專注於熟記學習的內容。像這樣收看兩遍後再開始解題或複習，便能提高對該科目內容的理解，加快之後學習的速度。

## 盡快丟掉考試用書

考試用書內容又多又厚重，所以想要節約時間的話，最好在收看兩遍基礎課程後，立刻將學習內容摘要。如果這時摘要有困難，也可以利用市售的重點整理書。基礎課程看完第二遍後，立刻寫考古題，並利用重點整理書複習。將考試用書上寫下的筆記中，較為重要的部分謄抄於重點整理書上，之後可不必再看考試用書。

在準備其他科目時，先前已經將筆記抄在重點整理書上的科目，則可以利用上下班時間或睡前三十分鐘左右複習。複習時以默背為主，而非理解，並以重點內容為主反覆複習即可。過於瑣碎的內容可以集中在考前一次背完，而一開始學習的時候，應利用空閒時間集中默背重要的內容。

## 利用「二的法則」整理重點

接著介紹準備考試時的「二的法則」。所謂「二的法則」，就是將學過的內容整理為兩種，以及使用兩種顏色整理重點的法則。

首先，前往考場只需要帶上兩種筆記，一是重要的內容，二是背不太起來的內容。只要不屬於這兩種的資料，全都果斷丟棄。例如考古題沒有出現過的範圍，最好盡可能排除。當然，不屬於這兩種的內容也可能出現在考題裡。但是只有這樣，才能最大程度專注於重要的內容。先整理重要的內容，之後如果有時間，再擴大重點整理的範圍。

第二，只使用鮮豔明亮的兩種顏色筆記。人腦可以一眼判斷兩種顏色，但是到了三種顏色以上，便不容易下意識區分什麼顏色代表什麼意義。就像我們看到紅綠燈，可以立刻判斷綠燈行、紅燈停一樣。用這種簡單的方式整理重點，有利於快速默背下來。

我在核對題本答案的時候，用紅筆標記答錯的題目，看了三次以上還背不住的地方，用螢光筆標記起來。像這樣使用鮮豔明亮的色筆標示出兩個部分，如此一來，未來就算沒有細看，也不會錯過需要強調的部分。

## 以考古題為主練習解題

透過考古題可以知道考試經常出現的重點。通常出題者都是在該領域鑽研已久的學者，他們認為重要的部分其實大同小異。我也曾經出過經濟學考試的考題，出題前大略翻過考古題。當時看著考古題，心中的想法是：「重要的內容都出過了，那我還出什麼呢？」所以，千萬別以為已經出過的題目再也不會出現。

藉由考古題掌握該科目中重要的部分，是最有效率的。尤其計算公式更要從考古題中整理下來。公式本身無法改變，只能稍微改變情況和數字，重新出題。考試前一天如果不親手寫過一遍算式，當天到了考場，很可能犯下意料之外的失誤。甚至考前分明了然於胸的公式，也可能混淆。

「咦？那是什麼啊？到底是什麼啊？」在思緒混亂的同時，兩、三分鐘的時間悄悄流逝，於是更加焦急，擔心「再這樣下去，會的題目肯定要答錯了」。所以在考試前，務必再次確認考古題中出現的算式。至於像總統任期這種明確的事實，或者不必額外解釋就能知道對錯的事項，則另外整理好背下來，就能快速找出答案。

## 提高百分之十的緩衝區

學習時該設定多少目標分數，才是最有效率的呢？把實際合格分數乘以一．一倍當作目標分數，才是最能有效學習的方法。假設合格分數是六十分，則以考到六十五～六十七分為目標學習。以合格分數為目標學習，合格的機率反倒會降低。多數人以為自己有機會越過合格分數，便在考試前鬆懈下來，以安逸的態度準備考試。所以務必要在心裡將分數提高百分之十。想要在多數的考試中考到合格分數的一．一倍，只要將考試內容分成重要的部分和不容易背下來的部分，確實默背下來，並且避免在考場上出錯就行。

我利用這種方式學習，在不動產經紀人考試第二階段以平均六十二．五的分數合格（合格標準：每科四十分以上，平均六十分以上）；在美國註冊會計師考試中，各領域分別獲得七十五分、七十七分、七十八分、八十分（合格標準：各領域七十五分）。這個方法主要適用於絕對評分的考試，至於採用相對評分的公務員考試、大學入學考試，則可能並不合適。面對競爭率相當高的考試，必須大量掌握考試內容，仔細閱讀細枝末節的部分，才可能合格。請特別注意，這個方法只能在短時間內提高學習效果，並不是適用於所有考試的萬用學習法。

# 27 考選擇題獲得高分的要領

考試策略 2

許多考試以選擇題出題。從給定的選項中選出答案的選擇題型考試，其特徵在於容易預測實際考試如何出題，並且付出相同的學習時間可以得到更高的分數。換言之，只要在學習時，事先預想學習的內容將如何出現在考試中，就能避免在考試不會考的地方浪費時間。以下是有效提高分數的選擇題型考試學習法。

## 以解題為主學習

考試顧名思義就是解題得分，當然題目寫得越多，越能掌握考試要領，獲得高分。但是比起盲目地大量解題，更重要的是在解題過程中找出「考題變化關鍵」。所謂考題變化關鍵，指的是考試內容經常稍作變化出題的地方。在選擇題型考試中，將考試內容稍作變化的主要方式（考題變化關鍵）有以下幾種。

**考數字或關鍵詞**

- 不動產經紀人的工作時間為（　　）小時以上，（　　）小時以下。括號中的正確數字是？

**考一個概念包含哪些內容**

- 下列選項中，何者不是買賣契約中應記載事項？

**考某個事件的發生順序或過程**

- 下列選項中，依照時間順序正確排列政權被篡奪前過程的選項是？

**考特定概念的類似或相反概念**

- 下列選項中，何者牽涉到替代財相關的財貨？

**考題目變化後新出現的影響**

- 關於正常財，當所得增加，對需求將帶來何種影響？

**考說明正確與否**

- 下列選項中，何者對需求曲線的說明錯誤？

在學習時思考考題變化關鍵，便能更有效提高分數。我尤其推薦重複寫考古題的方法。補習班出題的模擬考卷，也大多是根據考古題稍作變化。以考古題為主掌握出題關鍵，並透過題本適應各類型的題目吧！

## 答案不是對就是錯

總歸一句，選擇題型考試就是檢查選項的○和×而已。此時，錯誤的選項比正確的選項更重要。因為錯誤的選項中被改成錯誤的部分，通常是重要的內容。**如果是找出「正確選項」的考題，最有效的答題方式是一一刪除「錯誤選項」，找出最後的答案。**

假設有個選項是「不動產投資信託公司得增設總店以外之分店，並得雇用員工或全職雇員」。這個選項是「錯誤選項」，正確答案是「不動產投資信託公司不得增設總店以外之分店」。這裡考題變化的關鍵在於能否在總店外增設分店，如果知道總店外不得增設分店，就可以知道這是錯誤的選項。面對這類考題，只要確實找出錯誤選項，其餘選項就沒必要再看。

當然也會有難以判別正確與否的選項。假設A種類中有B、C、D，如果考題中出現「A種類中有B和C」的選項，那麼根據不同出題者的定義，這個選項有可能是正確選項，也可能是錯誤選項。此時，務必從該選項與其他選項的關係中找出正確答案。

## 另外整理需要默背的內容

書中所有內容不可能全部背下來。所以最有效的方法，便是根據默背必要與否和出題頻率高低來默背。尤其考試中的「考題變化關鍵」，更是首要默背的重點。以下根據重要性將需要默背的內容加以分類。

**默背重要度上**

- 經常出現在考題中，一定要背下來的內容。

**默背重要度中**

- 雖然經常出現在考題中，但只要理解原理，就算沒有硬背下來，也可解題的內容。

**默背重要度下**

- 大多數考生不讀或很少出現在考題中的內容。

默背重要度上的內容，應在書上畫底線或另外整理在筆記本上，有空的時候拿出來複習。如果這樣還是背不起來，最好將不容易記住的內容另外抄在紙上，考試前三十分鐘再看一遍。

# 28 考試策略③ 考問答題多得一分的答題法

我曾經在專營行政考試的補習班裡，做過批改學生問答題考卷的兼職工作。一天平均要看二十到三十份長達十頁的考卷，如今回想起來，當時的分量還真不少。但是比起考卷的分量，更令我痛苦的是考卷的內容幾乎如出一轍。然而在這些內容幾乎相同的考卷中，總能發現一、兩份相對突出的考卷。越是把必須出現的關鍵詞寫在顯眼處的考卷，閱卷老師越願意打高分。

實際改過考卷，就會知道在批改大量考卷的情況下，只能依照計分標準進行機械式的批改。首先，得先找出考卷中是否有題目要求的答案，再檢查考卷是否達到計分標準上提示的加分條件，斟酌給分。唯有依照計分標準計分，考試的批改才能維持一貫性。

那麼，誰才能在問答題型考試中獲得高分呢？知道得多，不代表就能考好問答題型考試。因為擁有知識和表達知識是不同層次的問題。即使學習相同的內容，答題方式的不同，甚至可能影響合格或落榜。以下是有助於提高分數的高效問答題型考試答題法。

## 看清楚關鍵詞

考生們面對考卷無不使出渾身解數，但是閱卷老師不可能一一細看。以申論題為例，每位教授必須在短短數天內看完近一千份考卷。批改一份考卷的平均時間為三分鐘左右，所以答案寫得太複雜，閱卷老師可能難以從考卷中掌握考生作答的用意。閱卷老師並不樂見深奧的回答。是否回答到要求的答案，才是最重要的。

面對問答題型考試，必須清楚題目問的是什麼，也就是從書中哪一部分出題，再寫下與該部分相關的關鍵詞，才是答題關鍵。以破題法方式答題，或在段落前明確提示關鍵詞，閱卷老師就能一眼掌握應試者答題時的想法。這是能多拿一分的祕訣。以計算題為例，必須清楚寫出最後計算結果和重要的公式。

行政考試第二階段的考題，是從較大的考試範圍中為每一科目出三到四個題目，不可能所有範圍全部背下來再答題。所以學習時必須先將關鍵詞背熟，練習到能在考場上連結關鍵詞後，再組成文章答題的程度。假設有一道題問的是外部效應。

面對這種題目，應先背熟「對第三人有利或損失」、「是否有意」、「有無代價」、「工廠廢氣」等關鍵詞，再寫出以下的答案。「所謂外部效應，是指在經濟活動中無意間對第三者帶來利益或損失，而對此並未付出代價或獲得報酬。工廠排放的廢氣造成附近居民的損失，就是外部效應的實際案例。」如果一開始就想把完整的句子背下來再寫，可能會造成關鍵詞的缺漏。別忘了，想要多得一分，答案裡必須有關鍵詞才行。

## 作答簡潔

答案必須簡單扼要。答案越冗長，越難準確傳達答題的用意。「並且……」、「同時……」，這種連接詞盡可能少用。**沒有人會討厭短句，但是討厭長句的大有人在。**

答題時，務必隨時檢查主語和述語是否相呼應。例如「如果有誰對我們隱瞞，那很令人遺憾」這句，「令人遺憾」的主語並不明顯，導致語意模糊。將句子改為「我們對於有所隱瞞的人感到遺憾」，就能準確傳達語意。主詞和述語沒有相互呼應，將導致語意模糊，閱卷老師無法判斷應試者是否寫出正確的答案，這點請特別注意。

## 字跡工整

在實際考試當天，部分考生會準備昂貴的文具到考場。但並非使用昂貴的文具，就會得到更多分數。最好還是多帶平時慣用的文具。以問答題型考試為例，忽然更換文具可能出現筆水出不來或其他意料之外的問題。考試時準備經常使用的文具，像平常一樣答題即可。

字跡工整的考卷通常看起來舒服，傳達力強，能給成績帶來正面的好處。考卷的內容當然更重要，不過在一、兩分之差都會決定合格或落榜的情況下，應多花心思在寫出工整的字跡，盡力多爭取一分。如果字寫得不漂亮，至少寫得大一些。我的字也寫得不算漂亮，所以盡量把字寫大一些。我認為字寫大一些，有助於內容的傳達。

通常考生在考試中因為焦急，字越寫越快，於是字跡變得「行雲流水」。真正到了考場，必須有意識地一筆一劃寫好答案。如果時間不夠，至少將大綱寫清楚，讓閱卷老師能一眼掌握自己想要傳達的內容。

**高效的問答題型考試答題法**

1. 善用破題法先寫關鍵詞。
2. 句子簡潔明瞭。
3. 有意識地一筆一劃將字寫工整。

# 29 考試策略❹ 提升獨自學習的質量

學習終究得自己面對。要將學習的內容內化為自己的知識，必須花時間熟記。在時間管理上，最有效的方法是按照自己的計畫獨自學習。但獨自學習有個問題，那就是不容易驗證是否達到預期的學習效果。獨自學習時，甚至覺得自己就像一個人漂浮在茫茫大海之中。所以在獨自學習時，務必時時檢視自己是否正朝正確的方向前進。

## 不必和競爭者比較

在準備考試時，不免會好奇「我在所有競爭者之中排行第幾」。從結論來說，這種擔憂毫無必要。在學習過程中，自己是否贏過其他競爭者並不重要。重要的是自己的實力是否已達到可以跨過合格線的程度。在達到合格程度的實力後，再透過模擬考等方式檢視自己的排名即可

至於如何時時檢視自己的實力，是否有達到合格線以上的分數？首先，必須熟悉近五年到十年考古題題目中的關鍵內容。仔細檢查哪些部分是出題重點，哪些部分經常被改成錯誤選項。百分之百熟記已經出題過的內容，避免在實際考試中失誤。

此外，分數的趨勢變化也很重要。在寫題本時，應隨時注意答對的題目是否增加。如果寫考古題的速度沒有增加，學過的內容也仍然在考卷中寫錯，代表學習方法出了問題。考試型學習是「與自己的決鬥」，首要任務是累積自己的實力。

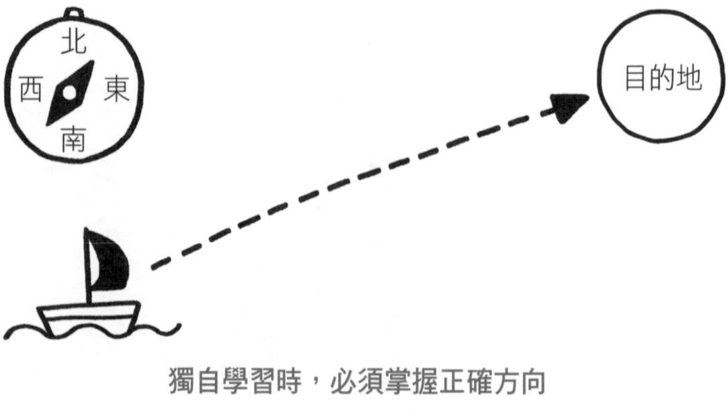


獨自學習時，必須掌握正確方向

或許有人會懷疑，自己的學習方法是否適合目前正在準備的考試。然而每個人擁有的知識量不同，偏好的學習方法也不一樣，只要選擇自己覺得最有效的方法學習即可。只是最好隨時檢測自己目前的學習方法，是否對通過考試有所幫助。結束當天的學習後，應利用時間練習該範圍的題目，檢查自己對了幾題，並分析寫錯的原因為何。

## 兼顧學習的質和量

在學習過程中，不少人擔心「我這種程度的學習，可以通過考試嗎？」想要通過考試，必須滿足一定的學習時間和閱讀次數。但是並非學習時間越長，就能離合格越近。以公務員高等考試為例，準備考試超過十年的大有人在。如果學習時間越長越好，那麼寒窗十年的人應該拿到最高的成績才是，然而現實並非如此。學習的質和量必須同時兼顧才行。

首先從學習的量來看，指的是實際學習的時間。必須投入一定的時間學習，才能累積實力。職場人每週可以投入最少二十小時，最多三十五小時的時間。學習時間應盡可能增加。

接著是學習的質，指的是一定時間內反覆閱讀的次數。想要達到合格標準，通常有最基本的學習次數。例如要通過不動產經紀人考試，至少要讀考試用書兩次、寫考古題兩次、重點整理書三次左右，並且額外參加補習班的模擬考試，上重點加強課程。

學習的質要達到什麼程度，端看自己的程度來決定。如果覺得自己的實力不夠，可以試著稍微增加閱讀或聽課的次數。首先大致擬定預計閱讀的整體目標量，接著推算到考試前剩下的時間，就能知道自己每天必須學習到什麼程度。此外，計算各科目要通過考試的必需讀書量，適量分配每週的學習量，便能算出每天必須學習的量。像這樣日復一日累積，即可達到完整的學習。

量的學習與質的學習並非彼此獨立存在的關係。想要合格，必須確保質的學習；而要確保質的學習，必須先達到一定的學習時間。換言之，必須在量的學習上決定投入學習的時間，並盡可能在該時間內做到高效學習，以確保質的學習。

## 量的學習：實際學習時間

- 藉由嚴格的時間管理守住時間。

**質的學習：一定時間內的學習總量**

• 在守住的時間內努力達到目標量。

## 選擇一般考生常看的教材和課程

獨自學習時，不免煩惱該如何選擇教材和課程。如果是新接觸的科目，不妨上網參考部落格，選擇一般考生最常聽講的課程吧！這是最安全的方法。如果多數人選用的課程和教材仍然不少，只要到書局親自挑選教材即可。

然而最受歡迎的課程和教材，有時並不適合自己。如果覺得內容怎麼也無法理解，或是授課方式過於無趣，就必須換到其他講師的課程。只是再怎麼不喜歡一般考生最常聽講的課程，也應盡可能從頭到尾聽過一遍。這有助於了解多數競爭者如何學習。

## 獨自學習時的注意事項

1. 不和他人比較。
2. 檢視自己的學習是否有助於提升實力。
3. 兼顧學習的質和量。

# 避免盲從，考證照前先想這些問題

對職場人而言，證照好比職場生活的外衣。穿上和周遭環境與地位匹配的衣服，穿衣品味才會受人稱讚。比起擁有堆積如山的衣服，更重要的是擁有適合我的衣服。並非其他人合適的衣服，就代表我也合適。職場人不是盲目地考取證照，對就業或跳槽就有所幫助。唯有正確了解什麼對自己有所幫助，並朝此方向準備，才能避免徒勞無功。

## 數量不重要

證照的質比證照的量更重要。比起考取多個難度較低的證照，通過一個該領域最有影響力的考試，更有助於宣傳自己的實力。假設你在某一場面試或某一份自我介紹中，在向對方介紹自己時，試圖說明自己目前為止考取的一百張證照。別說沒有時間一一介紹證照了，即使全部說完，面試官也無法全都記下來。在職場中也是如此，沒有時間讓你好好向上司介紹自己考取的一百張證照。只有名聲響亮且對業務有幫助的證照，才能給對方留下好的印象。擁有多張任何人都能輕鬆考取的證照，並不能幫助你得到預期的成果，反倒讓你耗費大量的精力在考取證照。

## 展望未來

在思考自己要考取的證照時，最應優先考慮的因素正是未來的效用。未來可以利用這張證照到什麼程度，而這項考試的難度未來是否會提高，都相當重要。同時，證照的未來展望也應與經濟情況、考生人數的變化等各種因素綜合考量才行。

其實我之所以對不動產經紀人考試產生興趣，是因為我認為在低利時代，資金將會流向相對安定且收益率較高的不動產市場，對不動產交易的興趣也會提高。就不動產經紀人考試第二階段考生人數來看，從二〇一三年的六萬兩千三百八十人成長到二〇一八年的十二萬零五百五十八人，五年內增加了將近兩倍。不動產經紀人可以說是人們興趣相當高的證照。就我個人情況而言，準備不動產經紀人考試也對自己的業務大有幫助。

如果已經做好通盤考量和徹底分析，就別受旁人的建議左右。我一開始準備特許金融分析師時，公務員中知道特許金融分析師的人少之又少。甚至有人問我：「為什麼要準備這個考試？」但是特許金融分析師在國外是含金量很高的證照，我也認為這個證照未來在韓國的地位將不斷提高，因此開始投入學習。

## 培養其他人難以兼得的能力

越多人擁有的證照，其價值越低。最好思考證照的稀有價值，並累積其他人無法同時取得的兩種領域的經歷和證照。例如同時精通稅法和英語的人數，遠比只精通稅法的人要少。如果你正從事稅務相關工作，不妨增加精通英語的能力，可以瞬間提高自己的價值。這種組合多多益善。

## 準備有望合格的考試

在開始為考試學習前，應先計算自己可以運用的時間和費用有多少，接著衡量準備證照考試需要多長的時間、每週可學習的時間有多少等。

其他現實條件也必須一起考慮。以美國證照考試為例，報名費通常相當可觀。例如特許金融分析師考試的報名費隨報名時間先後而有所不同，每一級需繳交七十一萬至一百四十萬韓元（約新台幣一萬七千至三萬四千元）。又例如美國註冊會計師考試，必須親自到美國當地參加考試，而該考試又要求先修一定的學分，各州規定的學分亦不相同。因此在準備證照考試前，必須全盤考量所有現實條件，詳細檢視目前的條件是否支持考試。

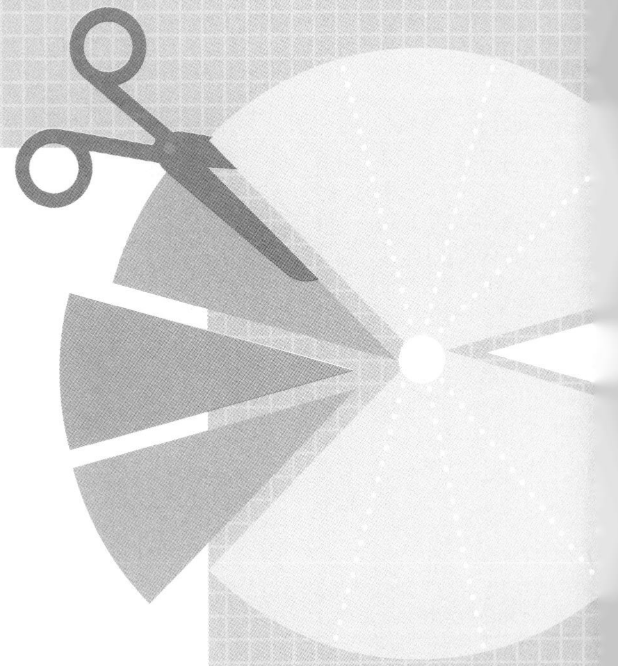

# 第5章

# 學習中的職場人必須具備的心態

# 30 重拾書本前，先思考三件事

有句話說：「天生讀書的料。」究竟會讀書的腦袋是否與生俱來？在高中階段，我常聽同班同學對我說：「如果我像洞宰你那樣認真讀書，肯定能拿全國第一。」在年紀更小的時候，我幾乎沒聽別人稱讚過我聰明。直到考進不錯的大學，那時才開始聽到別人說「洞宰的頭腦真好」。

真正學習過的人，才知道「讀書的料」只是用在評論結果。成績好是讀書的料，成績差不是讀書的料。如果原本成績差的人急起直追，便認為那個人原本就是讀書的料，某一瞬間開竅而已；如果原本成績好的人每況愈下，則說那個人頭腦好，只是不努力才退步。從結果來看，人們不過是用「成績＝讀書的料」這個單純的等式來思考。

我的哥哥曾經夢想成為醫師，可惜在高中畢業之前成績一直不好。高三那年大學聯考成績遠遠不到醫學院入學成績，於是他選擇重考。當時沒有任何人期待他能進醫學院，父母也只是認為「重考至少還能上比現在更好的大學」。但是哥哥重考了一次、兩次甚至三次。到重考第三次為止，他的成績還不到進得了醫學院的程度。身旁好友都勸他別再堅持，父母也希望他盡快選一間差不多的大學，但是哥哥的銳氣並未受挫。在那樣的堅持和努力下，他終於在重考第四次時，成功進入夢寐以求的大學。

當然，考進醫學院不代表就此一帆風順。在成為醫生之前，仍必須付出許多努力。哥哥在首爾擔任住院醫師時，每回外出總會到我的小套房過夜。我眼中所見的住院醫師，需要的是內在「更多的努力」，而非外在「一頭俐落帥氣的髮型」。我甚至曾問過哥哥：「這種生活真不是人過的，乾脆中途放棄不是比較好嗎？」但是他撐過了那段艱苦的歲月，最後成為大學醫院的教授。人們總以為醫生當然是聰明的，然而「聰明」的評語是用血淚般的努力換來的成果。

因此，相較於「讀書的料」，我們更應該看重「努力的價值」。比起計較頭腦的好壞而抱怨自己的出身，不如多花時間思考如何用現在的努力提高自己生命的密度。如果執著於「頭腦好壞天注定」的刻板印象，一味抱怨自己沒有天生的聰明才智，這樣的人將會錯失機會了解努力的價值。

職場人一旦決定為學習付出全力，就必須讓努力有所價值。要讓自己努力的價值受到肯定，必須朝正確的方向努力。經過十二年來的職場生活，我也不免產生這樣的疑問：「這種職場生活還要繼續多久？」「這真的是我想要的樣子嗎？」「真的只要努力，我的人生就會不一樣嗎？」面對這些疑問，最重要的是從客觀的態度來尋找答案。為此，應先以正確的態度看待自己，了解自己如何與周遭的環境互動，並且思考自己應以何種態度和行為面對身處的世界。

看待自己與周遭和世界的方式，將會影響個人的思維、人們說出的話和社會既定的框架等。在這一章中，我將會思考如何看待自己、周遭和世界，並且說明「學習中的職場人必須具備的心態」。

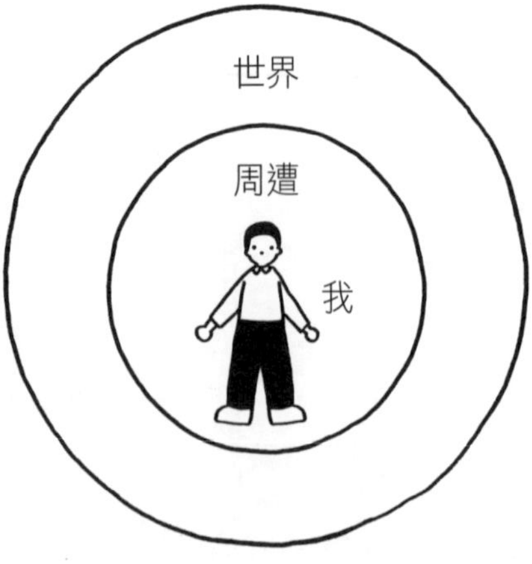


思考自己和周遭、世界的關係

# 31 反思自我❶ 別低估自我發展的能力

「為什麼我與生俱來的能力不夠強？」「為什麼我天生沒有一顆聰明的腦袋？」想必每個人在這一生中，多少有過類似的疑問。但是為什麼我們總是對自己沒能擁有的東西或能力，賦予更高的價值，勝過我們已經擁有的呢？非得在失去原本擁有的東西後，才體悟到那個東西的珍貴。就像在大病一場後，我們才了解健康的可貴。

我相信所有人從出生那一刻起，已經具備自我發展的能力。正如同吃好睡好就能健康長大一樣，我們也早已知道如何從所見、所聞中成長。

## 忠於內在情緒

孩子們能自由表達「喜歡就喜歡，不喜歡就不喜歡」的情緒，他們在表達個人情緒時，並不在意其他人的目光。隨著年紀增加，反倒越不擅長表達個人情緒。隱藏內在情緒導致壓力增加，長期下來將引發疾病。在極其艱困的情況下，依然洗腦自己「我沒事，什麼事也沒有」，這種想法只會徒增壓力，對解決問題毫無幫助。為什麼我們無法忠於內在情緒呢？

在我們的社會中，「做自己的人」常被認為是「無法融入社會的人」。這個社會將忠於個人情感視為不成熟的舉動，並教育社會成員盡可能避免那些行為。在團體生活中「做自己」時，甚至可能對自己不利。

我曾經和嗜酒如命的上司C一起聚餐。上司C問我：「不是說這位事務官不喜歡喝酒嗎？」我回答：「是的，我不喜歡喝酒。」上司C立刻接著問：「那你怎麼在喝酒？」我告訴他：「為了迎合聚餐的氣氛才喝的。」不過在團體生活中，或許下面這句才是最好的回答：「不是的，我喜歡喝酒。尤其是C長官為我倒的酒，我更喜歡。」

一開始踏入團體生活時，為了在上司面前力求表現，我說了不少「謊話」。然而這種生活到最後，我發現留下的只有「得不到任何人重視的壓力」，自己過得越來越痛苦。從此以後，我開始說真心話，真誠地面對所有人。

越是善於阿諛奉承的人，在職場上越是如魚得水。因為在現實生活中，多數上司對於說真話的部下，感受不到太大的魅力。我曾下定決心不要為了甜頭而逢迎上司，為了補足這個決定帶來的損失，我更加努力累積自己的實力。這麼一來，內心反倒更加坦然，也更能專注於學習。

## 別受限於社會對你的評價

孩子們只想穿印有自己喜歡的花紋的衣服。所以不管衣服昂貴與否，也不在意衣服是否是名牌，只要穿起來舒服，又是自己喜歡的風格的衣服就好。

然而從某一刻起，我們開始活在他人的目光之下。還只是幼稚園或小學的階段，同班同學已經開始炫耀自己，「這件衣服是名牌耶……」、「昨天去高級餐廳吃了〇〇喔……」。

於是其他同學也羨慕他們，想擁有和他們一樣的東西。大人們建立的評價標準，開始一點一點滲入他們的想法中。

**其實在他人的評價中，存在著一些對自己毫不重要的標準。唯有辨別這些標準，才能找出適合自己自我發展的方法。為提高自我發展的效率，必須將不必要的社會評價剔除才行。**

數年前，我和女友一起前往某間百貨公司購物。購物時看見了喜歡的衣服，我告訴女友自己先進去試穿，便拿著衣服走進試衣間。女友不久後跟著進入賣場，恰巧聽見店員正私下批評我，內容大致是認為我沒有能力買那件衣服。我平時並不是出門講究體面的人，店員大概是看見我的穿著，才會說出那樣的話吧。但是聽完女友的轉述，我並沒有感到生氣或受傷，因為這個標準對我毫不重要。因為毫不重要的評價造成自己的壓力，到頭來損失的只有自己。

## 任何事都得試過才知道

孩子們最令人驚訝的一點，是他們勇於嘗試每一件事。對他們而言，任何事都是新鮮的。看著他們無懼艱難地挑戰的模樣，不禁想起自己在做決定時舉棋不定的模樣，有時甚至羨慕起他們。

隨著年紀增長，我們在面對一個新的挑戰時，開始變得猶豫不決。有時得在意旁人的目光，還有各種現實因素必須綜合考量。「現在才開始準備〇〇考試，會不會被別人瞧不起？」「我可是〇〇大學畢業的，做這種事別人會怎麼看我？」「這把年紀才開始學新的東西，會不會太晚了？」這些想法只會阻礙你面對挑戰。

數年前，我曾經和大學同窗好友一起聊過未來的出路。聽完我不知道未來該怎麼辦的煩惱後，朋友給了我一個關鍵性的建議。

「我在煩惱未來出路的時候，也向不少人問過他們的建議。其中一句話對我最有幫助：『在開始一件事或做決定時，只要想著你自己，就會看見答案。』我也那樣想過，確實變得更自在，也產生了面對任何挑戰的勇氣。」

我想說的是，只要勇於嘗試就行的事情，不必花太多時間煩惱或看人眼色。不少人會這麼問：「我已經○○歲了，現在開始準備考試也沒問題嗎？」有趣的是，不管是二十五歲、三十歲還是三十五歲，各年齡層的人都會問相同的問題。幼兒在挑戰拿湯匙前，不會想著「我拿得起湯匙嗎？」「拿錯的話，會不會被媽媽笑？」的問題。如果心裡有那樣的顧慮，大概連湯匙也拿不好了。

## 珍惜小確信，才能繼續成長

幼年期也被稱為是「看著落葉也會笑的年紀」，代表那段歲月對任何事充滿好奇，生活無憂無慮。一點聲音和表情的變化，都能逗孩子們笑。

即使長大成人，也要懂得珍惜微小的喜悅，才能繼續成長。買公寓、進大公司、考試合格、考上大學等，這些人生重大事件不可能天天上演。一味追逐巨大的幸福，將使你的生活在某一刻變得不幸；而將目光放在微小的事物上，便能感到幸福。實現成為醫生的夢想，並任職大學醫院教授的哥哥，看著孩子們的照片或影片，眼睛總是立刻亮起來。懷抱遠大夢想固然是好事，但是唯有從微不足道的小事中感到幸福，才能過上喜悅的人生。

我們認為從出生的那一刻起，已經具備活出精采人生的能力。別忘了問問自己，「我是否低估了自己擁有的能力？」

# 32 反思自我 2

# 陷入低潮時，該怎麼辦？

學習到某階段，不免會遇上低潮的狀態。根據標準韓國語辭典上的定義，「低潮」（slump）是指「在運動競賽中未能完全發揮個人實力，持續一段時間的消極狀態」。而學習中的低潮，則是指「持續感到無力，無法專注於學習的狀態」。

低潮是「學習動機」這個燃料耗盡的狀態。如果你不是因為「真心想學習」，而是因為「好像不得不學習了」或「別人說學習好」才開始學習，那麼缺乏動力導致的低潮很可能會找上你。低潮不會忽然出現，而是一點點的挫折和懷疑不斷累積，最後陷入低潮的狀態。

低潮狀態的起因各不相同。有時到了特定季節（主要是春天或秋天）莫名陷入低潮，有時遭遇心理上的衝擊，例如忽然和情侶分手而陷入低潮狀態。假設某人準備公務員考試是為了情人，後來卻與情人分手。如此一來，對於自己為何要學習的懷疑態度，將一步步破壞應試的節奏，使原本持續進步的成績陷入停滯。再怎麼學習也沒有效果的挫折感逐漸浮現，最終使人完全放棄學習，陷入低潮的狀態。

此外，發現自己即使努力學習，成績也不見起色時，也會導致低潮的發生。這些人原以為至今為止的學習狀況都相當穩定，也以為自己深知提高成績的祕訣或學習方法，然而在實際考試中，遭遇成績停滯甚至倒退的情況，使他們感到驚慌。這種不知所措的心情逐漸轉變為挫折感，進而使人陷入低潮。

如果不知道如何擺脫挫折，最終將無法從惡性循環中脫身。而脫離不了低潮的漩渦，長久下來將會越陷越深。一旦陷入低潮，任憑你再怎麼努力學習，成績也不會提高。然而仔細思考陷入低潮的過程，將會發現大部分原因都出在自己身上。正是我們看待自己的想法和情緒，將我們帶入了低潮之中。

## 享受低潮的安慰

根據我的經驗，在陷入低潮的人當中，意外地有不少人享受這種情緒。這裡所說的「享受」，是指利用低潮中的情緒「獲得他人的安慰」。面對低潮，他們沒有選擇積極對抗低潮，而是想藉此機會獲得他人的安慰。這可以稱得上是一種補償心理。

到了春天，看著朋友們四處旅行，學習中的職場人心情不免感到憂鬱。「我那麼努力奮鬥到現在，為什麼還要每天埋頭在書本裡？」這是他們心中的想法。其實長時間努力學習下來，任何人都會出現這種情緒。我也在進入職場後，每次在週末苦讀時，經常被這樣的情緒包圍。這時總希望有誰出現，聽聽我的心聲，給我力量和信心，然而這個願望幾乎不曾實現。如果自己不努力脫離低潮，低潮絕對克服不了。別因為深陷低潮的狀態而期待得到誰的安慰，這種情緒必須靠自己擺脫。

## 即使努力學習，依然擺脫不了低潮

有時雖然努力學習，卻依然陷入低潮的狀態。尤其是已經付出許多努力學習，實際考試成績卻不見起色的人，遭受的挫折感更大。這種挫折感大多是來自於錯誤的學習方法。也就是他們的學習成果並未反映在成績上。

為了避免陷入這種低潮，必須每天檢視自己的學習是否朝正確方向前進。每天寫完考題後，也必須檢查「成績是否提高」、「哪些部分有待加強」。如果目前的學習方法無法提高實力，應盡快調整學習方法。

反之，沒有準備就參加考試，卻意外獲得了高分，這個經驗也可能成為低潮的原因。因為意外獲得高分的經驗，將使你以為「只要再稍微學習一下，就能輕鬆通過這個考試」，於是開始認真準備，然而結果可能沒有達到預期的高分，甚至比第一次考試的成績還低。僥倖取得高分的考試，反倒毒害了你。

上網搜尋分享考試經驗的部落格，經常可以看見這種發問的貼文：「我寫完考古題，算出來大概有〇〇分，這種程度考試過得了嗎？」很可惜的是，即使考古題寫對的題目再多，也不代表離合格越近。千萬別將模擬考的高分看得太重。

## 低潮隨時都能克服

令人意外的是，許多人陷入低潮的原因來自於個人的行為，卻輕忽了這個行為，導致深陷低潮之中。據說戒菸有助於提高注意力，降低疲勞。但是癮君子們卻以戒菸只會造成更大的壓力，妨礙學習，怎麼也不肯戒菸。戒菸確實不容易，所以他們深知吸菸是對學習毫無幫助的生活習慣，卻戒不了菸。學習時，最重要的是合理的謙虛。只要客觀上判斷為錯誤的行為，就應努力自我改善。

我過去在學習時，也經歷過低潮。職場人在學習時的每一刻，其實都是與深陷低潮的危機對抗的過程。當低潮的危機來臨時，請記住這個事實——**低潮既然是我造成的，我自然有能力克服；低潮隨時都可能出現，我也隨時可以戰勝它。**

# 33 反思自我❸ 把失敗化為通往成功的道路

每件事都有結果，而我們將這個結果視為成功與失敗的判斷標準。學習也是如此，考試必然會有第一名和最後一名。又或者求職者向公司提交履歷後，只要不是報名人數低於錄取人數，就必然會有錄取和落選。參加任何一場比賽，總會有人抱得大獎，有人被淘汰。

所有人都希望自己是冠軍、第一名或錄取者，然而現實往往不盡如人意。如果連自己都不那麼看重的事情，也發展得不順利，心情肯定大受影響。就像別人送的彩券沒有中獎，也足以令人不快，這正是人心。然而再進一步細想，其實也沒必要感到挫折或心煩意亂。

## 失敗的事情本就更多

前面曾經提到通過司法考試、不動產經紀人考試、美國律師考試、美國註冊會計師考試的朋友，我第一次見到他時，問他：「該怎麼做才能通過那些考試呢？」沒想到他的回答是：「比起合格的考試，我不合格的考試更多。」聽到他的回答，我不禁懊悔剛才問了一個蠢問題。我們常說：「不經一番寒徹骨，焉得梅花撲鼻香。」從他的回答中，可以深刻體會到這個道理。

假設有個考試的競爭率一百取一，表示一百人當中只會有一人合格，其餘九十九人不合格。合格的機會微乎其微。準備許多競爭率相當高的考試，最後不合格的考試多過合格的考試，自然是理所當然的結果。

不僅僅是考試，所有事情都是如此。想透過考試改變自己的人生，得花費許多時間。提摩西・費里斯（Timothy Ferriss）在《一週工作 4 小時》（*The 4-Hour Workweek*）中，介紹了如何在固定的工作時間內高效處理重要業務的方法。當可以運用的時間越多，無形中浪費掉的時間也越多，所以作者認為設定好截止期限，縮減工作時間，便能在有限的時間內完成重要業務。當時讀到這個段落，我內心深受啟發，決定從隔天開始提高處理業務的效率。然而讀完這本書的隔日，依然早早上班，工作到晚上十一點才結束。正如同書上所說的，想在職場上全心處理重要業務或隨心所欲調整上班時間，其實並不容易。在這種新的工作模式完全改變我們的生活前，需要長久的時間和努力。即便我們所有人努力學習，並期待著不久後生命的改變或成功的到來，改變的出現也總是姍姍來遲。因此，別早早認定自己失敗而備感挫折，倒不如好好享受學習的過程，並在此過程中見證生命一點一滴改變的模樣吧！

## 丟臉的不是失敗，而是過程

許多書籍或名言常說：「失敗為成功之母。」然而我們卻對失敗感到羞愧，對落敗感到挫折。我們究竟從何時開始認為失敗是件丟臉的事呢？在成長過程中，大人總要求我們拿出成果。逢年過節，家中長輩必定會問：「在學校排名第幾？」小時候在路上遇到父母的朋友，也會被問：「學校功課好嗎？」這是韓國社會的問候方式。由於我們社會的教育體系只以成果（成績）來判斷一個人，自然造成多數人對失敗感到挫折。

就拿大眾媒體上報導的成功經驗談來說，雖然有時也會介紹成功前經歷的諸多失敗，但不是匆匆帶過失敗的過程，就是籠統敘述失敗是通往成功的過程。他們並不能向讀者保證，現實生活中經歷的失敗必能保障未來的成功。現實情況是，在旁人眼中，「我的失敗」不過是「目前的挫折」，與未來的成功毫不相干。如此一來，任何人都想隱藏失敗這個結果。

**然而比起失敗，真正該感到丟臉的是過程。換句話說，比起失敗這個結果，更應該感到丟臉的是不努力的過程。**在我國中階段，有許多學生考試成績退步了，便把成績單藏起來，不敢告訴朋友成績。然而打著買參考書的藉口騙到父母的錢，拿去玩遊戲時，卻又大肆向朋友們炫耀自己成功騙過父母，達成目的的成果。我們應該感到丟臉的，不是失敗這個結果，而是沒能守住個人價值的行為。如果用盡全力依然失敗，至少這件事不會留下遺憾。

## 滿足於一次的成功

在人一生中，需要達到重大成就的機會並不太多，一般只要在大學聯考、求職面試、證照考試等幾個考試中取得高分即可。例如公務員考試一年內舉辦多次，通過其中任何一次考試就能成為公務員。其實為了僅僅一次的成功，我們得經歷多次的失敗。不必因為一次的失敗而情緒大受影響，只要在關鍵的一次考試中得到滿意的結果即可。

我在大學的時候，一位修完相當多學分的前輩丟了履歷到數十間公司，在書面審查階段幾乎被所有公司錄取，晚輩們一股勁稱讚前輩真了不起。即便如此，前輩最終也只能進其中一間公司。比起通過多家公司的書面審查，更重要的是被自己心儀的一間公司錄取。

成功也好，失敗也罷，和我們有關的事情都有其意義。即使挑戰人生中重要的事情失敗，也只要繼續創造機會，挑戰到成功就行。所以別為失敗感到挫折，一旦獲得成功，過去多次的失敗都將化為通往成功的過程，使我們的成功更加光輝璀璨。

## 面對失敗，如何反敗為勝？

人們常說藉由失敗可以獲得更大的成功，不過能盡量避免失敗當然是最好的。無論如何，如果不幸失敗，之後最重要的是應對失敗的方法。必須真心接受失敗的結果，才能在未來看見美好的成果。要是不能有智慧地面對失敗，眼前的失敗將延續至未來的失敗。必須挽救一路失敗的頹勢。

### 下次一定會吃雞，學習也是

「絕地求生」是一款最多能和一百位玩家同時對戰的遊戲。玩家在戰爭中死亡時，字幕上會出現「下次一定會吃雞」*。學習也是如此。面對學習，我們也應該相信「下次一定會吃雞」。

有時分明努力學習，成績卻沒有提高，甚至反倒退步。確實，即使做了充足的準備，也可能得到完全意料之外的糟糕成績。我也不是永遠都得到不錯的成績，我只是咬緊牙關學習，才勉強通過最終考試，挺過充滿曲折的奮鬥過程。

別因為一、兩次失敗的結果而感到挫折。重要的是持續檢視自己的實力是否不斷提高、是否維持良好的體力和狀態，過程中一時的挫折不必太在意。堅定意志趕走失敗，下一次才能更加努力。

## 將結果和情緒區分開來

遭遇失敗時，人們的情緒變得更加敏感，容易遷怒旁人，甚至會造成意志消沉。不過有

* 譯註：原文意思為「是的，這一天也是會來的」，中文版「絕地求生」的死亡畫面則是「下次一定會吃雞」，意指下次一定會成功，在此依中文讀者習慣譯為「下次一定會吃雞」。

趣的是，隨著時間的經過，失敗的結果會逐漸從記憶中消失，只留下當時不好的情緒繼續折磨著我們。我們必須將「失敗的考試結果」和「負面情緒」分開來看。如果有什麼事失敗了，只要分析為什麼會出現那樣的結果即可。如果繼續陷在因結果造成的負面情緒中，反倒會對學習造成負面影響，使你離合格越來越遠。

## 努力排除失敗的原因

就以準備考試的情況來說，許多人考完試後的感覺大多是後悔，「要是再多一點時間準備就好了」。考完試有這種感覺的人，最好擬定對策。在擬定計畫時，也應一併考量可能延誤的時間。

我在準備行政考試時，擬定了在考試一個月以前完全掌握所有考試內容的學習計畫。因為根據以往的經驗，我深知學習計畫安排得再好，最後進度也總是感不上計畫。事實上，行政考試的準備比計畫晚了兩週，也多虧了事先設定了緩衝期，我還有兩調的時間可以放慢腳步準備。

在考場上也是如此。無法接受任何錯誤的完美主義者們，無不努力追求近乎完美的解題和答題。在我身邊以優異成績從首爾大學畢業的好友中，有人每次考大學期中考、期末考的時候，必定檢查自己寫的答案三至五遍後才繳交。為了騰出檢查考卷的時間，必須練習到以最快的速度寫完考卷才行。

**唯有努力排除失敗的原因，未來才能繼續發展**。然而一般人只對失敗感到難過，卻未改變自己的行為。行為必須改變，才能避免重蹈覆轍。這句話聽起來理所當然，卻最難落實的。

# 34 反思自我4 思考學習帶來的副作用

「在任何情況下，藥物治療必然都會有副作用，所以最好盡可能讓身體在自然狀態下恢復。如果非得藉由藥物治療，那麼將副作用降到最低才是最好的治療。接受治療時，必須隨時注意副作用的問題。」

這是我在大學選修的通識課上，聽授課教授說過的話。在此之前，我以為只要接受治療，身體自然會恢復健康。從沒想過要注意治療帶來的副作用。學習也是如此。我們很容易以為學習只有好的一面，然而在我們花費時間學習的同時，也放棄了其他的選擇。學習帶來的副作用的確存在。

## 補償心理破壞你的決定

「我已經付出這麼多心血了……」

對於自己努力創造的成果，任何人都會產生執念。學習也是。努力學習並期待有所補償，是理所當然的心理。但是未來在做決定時，這種心理反倒可能成為絆腳石。

一位準備行政考試好幾年的大學前輩D，儘管拚盡全力準備考試，每次成績總是差了及格分數一點而飲恨。他想，再這麼下去就要過二十五歲，再晚恐怕會影響日後就業，於是在六月考完第二階段的行政考試後，立刻著手準備下半年大企業的招募面試。同年秋天，我接到前輩D的電話，他說自己最後被某家大企業錄取，但是正煩惱該放棄行政考試選擇進公司上班，還是要繼續考試好。當時我已經是一位公務員。前輩D糾結的最大原因，其實就在於「捨不得到目前為止付出的努力」。於是我毫不猶豫地告訴他。

「去公司上班吧！我進公家機關工作後，雖然名稱上是公務員，實際上和一般上班族沒有兩樣。我能理解你捨不得到現在付出的努力，但是不管到哪裡，努力工作一定會獲得肯定。我相信你到目前為止學過的東西，以後一定會成為你重要的資產。」

不知道是不是我的建議讓他做出了決定，總之前輩D最後進了公司。後來，聽說他在公司成為備受肯定的員工。如果當時他繼續挑戰高普考，現在會是什麼模樣，這點不得而知，不過我認為他放棄了努力幾年的行政考試，是非常睿智的決定。

過去的努力和決定未來這兩件事，必須冷靜分開來看。因為捨不得過去付出的努力，可能使你在補償心理的作祟下做出錯誤的決定。

## 放下自傲

學習能力強的人，最需要謹慎以對的正是自傲。大學期間做過分組報告的人，多少會遇見相當傲慢的組員。那些人堅信自己的主張絕對正確，認為「我的知識這麼豐富，不可能會錯的」。

其實，我也有過那樣的想法。考上不錯的大學，通過幾次困難的考試後，難免變得自傲。如果不能適時放下自傲，總有一天自傲將會主宰我們的想法。一旦自傲主宰了想法，當事人甚至感受不到自傲的存在。在學習了更廣的知識，遇見了更高層級的人後，我的想法開始產生轉變。隨著學習領域的拓展，我也逐漸發現許多比我傑出的專家和高手，從此收斂了自傲。

在接觸過形形色色的人後，我才知道真正有實力的人不會用言語彰顯自己優秀的實力。他們在溝通想法或交換意見的過程中，不著痕跡地讓對方感受到自己的功力。「我的能力不是我說了算，而是要其他人體會才行。」唯有抱持這種想法，平時保持謙虛的態度，才能有更大的成長。

## 關鍵時刻影響學習的因素

即使努力學習並且持續拉高成績，也不代表可以繼續那樣學習下去。學習的時間越長，體力越不堪負荷，壓力累積越多。年輕人或許不會立刻感受到，不過感受不到反倒更危險。因為疲勞累積到一定程度，可能會在一瞬間爆發。

經常看見部分學子在求學階段最重要的考試——「大學聯考」前夕，因為一直以來累積的壓力造成學習的障礙。不少高中一、二年級奮發苦讀的學生，升上高三反而成績一落千丈。我也是過來人。

這不是因為不努力學習造成的結果，而是對學習感到厭倦，又無法消化大量的壓力所致。當壓力無法消除，任何一種學習方法都將遭遇困難。壓力解決不了，只會一再累積。

所以我無論再怎麼忙，每六個月至少有一到兩週遠離學習。那段時間什麼也不想，只有休息。用腦過度時，總會有一瞬間怎麼也運作不了。給自己一段時間放空吧！

## 想想學習的同時錯過的事物

每個人一天只有二十四小時，把時間投資在學習上，自然會出現其他無法完成的事。請想想在學習的同時，你錯過了哪些事物。這可能是與其他領域相關的經驗和成長，可能是人際關係，也可能是日常生活中的幸福。

所以學習之外的時間，應該以更有效率的方法利用才是。在學習的時間外，最好從事一些無法透過學習達到效果的行為。換言之，在不學習的時候，可以向父母表達關愛，也可以向衷心感謝的人聯繫問候，也不妨利用機會累積更豐富的經驗。

# 35 環顧周遭①
# 辨識出暗藏陷阱的建議，不被左右

要達到良好的學習效果，必須在周遭親友中堅定自己的立場。不過令人難過的是，在我們身旁有許多干涉我們決定的人，上至父母、職場上司，下至朋友等人。逢年過節，親戚莫不給予過度的關心和鼓勵。當然，旁人的建議確實有助於我們決定未來的出路，也能提供我們不曾想過的好點子，但是毫無用處的建議同樣漫天飛舞。受各種建議影響而舉棋不定，將會對自己造成極大的傷害。

## 為什麼容易受旁人的三言兩語左右？

根據我個人經驗，許多時候旁人的建議聽起來似乎可行，然而實際上毫無幫助。之所以聽起來煞有介事，卻派不上多大用場的原因，在於建議本身當然只會是好話。

「別抽菸！」「現在開始得為未來學習了。」「假日睡懶覺不好。」「多運動！」這些建議都是對的，無法提出反駁的言論，但是聽久了容易變成嘮叨。那些用天經地義的話給予建議的人，最大的特徵是對方如果不照自己的建議做，便認為對方犯下滔天大罪。如此一來，好話聽久了不但使人厭煩，心中也會產生自己似乎做錯了什麼的罪惡感。

而且這些建議大多沒有實質上的對策。「進大企業才好啊！」「最近〇〇工作年薪高，你去試試看。」「大學就要去名校。」這些建議冠冕堂皇，卻完全沒有具體的對策。沒有具體方法的建議，大多是「毫無用處的建議」。要是問這些建議的人具體如何執行，他們多數會回答你：「那個你要自己去查才對呀！」總要告訴對方具體可以達成的事項，才能幫得上忙不是嗎？那些毫無用處的建議只會使對方更加混亂。

那麼，好的建議應該是什麼樣的？首先，必須站在對方的立場考慮對方的特質，由此思考對方適合何種出路，並應利用何種方式達成此一目標，如果在此過程中遭遇困難，又該如何解決。

我也遇過旁人並非真心給予建議的情況。有看似給予建議，實則目的在於解決個人疑惑；也有相約見面分析未來出路，實則炫耀個人知識或生命歷程；甚至也有給我建議時，心裡卻見不得我好。用華而不實的話語包裝建議，卻沒有真正考慮接受建議者的立場和想法，這種情況代表給予建議者另有企圖。

由此可見，這個世界確實存在對我毫無幫助的建議。但是我們明知道這些建議毫無用處，卻依然為之動搖。原因何在？

## 對自己沒有信心

在經驗不足的情況下，對自己正在從事的事情難免缺乏信心。尤其學生時代越是聽話學習的人，越不知道「我未來該做什麼」、「我該學習什麼」、「我喜歡的是什麼？」對自己越沒有信心，越想藉由他人的話語挽救自己低落的信心，於是依賴比自己更早選擇出路的前輩或身旁的長輩。如此一來，無論他們的建議是否有助於自己，都會受他們的建議左右。

## 現階段既痛苦又擔心失敗？

在學習期間，一般沒有多餘的經濟能力或充裕的時間。為了盡快脫離這種情況，難免會心情焦慮，急著想找出更快、更簡單的學習方法。如此一來，越容易陷入錯誤的建議中。就像投資股票時，因為妄想一夜致富而相信毫無根據的傳聞，盲目投資一樣，幻想學習可以一步登天的人，將會深陷錯誤的建議中。

準備考試時，害怕失敗的情緒越強烈，越容易擔心「別人會不會知道我不會的答案」，因而更加依賴旁人的建議。尤其獨自學習時，因為對自己目前的學習狀態沒有信心，多會向有經驗的前輩或身旁朋友尋求建議。更別說如果是第一次挑戰的考試，因為不知道該準備到什麼程度才好，總是時時刻刻擔心著自己的學習狀態。於是他們開始向旁人尋求建議，渴望得到他人對自己學習方法的肯定。只聽自己想聽的建議，後果便是渾然不覺自己的方法錯誤，並逐漸朝錯誤的方向發展。

## 外國月亮比較圓

有時別人選擇的出路看來似乎更好。例如當你決定要考七級公務員考試時，好友選擇了會計師考試。你心裡不免會想：「那個考試是不是更好？」「就算當上公務員，也只是領死薪水而已，未來會計師會不會更吃香？」對自己的選擇產生懷疑。這時如果學校前輩又批評你選擇的出路不怎麼樣，那麼學習的意志將因此動搖。在網路論壇上，可以看見詢問「〇〇考試合格」和「××考試合格」哪一個更好的貼文，這也是因為「外國月亮比較圓」的心理作祟。

即使是外表看似光鮮亮麗的職業，實際從事後也會發現困難重重，不能單憑外表驟下定論。所以在大多數的情況下，選擇自己心儀的出路才是最好的。不是用同一套標準和其他選擇相比，或是聽取他人的建議，就能找到前程似錦的出路。

## 另一個危險——客套話

不只是旁人的建議，「客套話」也必須當心。合作廠商的員工、不熟的職場同事、聚會上認識的人……這些和我們交情不深的人，最常說些不切實際的稱讚。

「你這種程度很了不起啊。」

「你落選了？如果是我的話，一定會讓你通過的……」

「〇〇分？哎呀，這種分數落榜真可惜。」

這些話聽起來讓人心情愉悅。在信心低落的時候，聽這些鼓勵的話當然會有幫助，但是太認真看待這些「客套話」可是相當危險的。把鼓勵的話看作是善意，而不足的地方靠自己努力補足，如此才能向上發展。

# 如何不受毫無意義的建議影響？

如前一章所述，我們明知旁人的建議毫無用處、無濟於事，卻仍經常受到影響。現在起，我們必須努力學習如何果斷拒絕不必要的建議。試著持續練習以下幾點有效的方法，直到完全熟悉為止吧！

## 別人的話永遠只是別人的話

旁人的話沒必要全盤接受。就我的情況來說，旁人的建議大多不適用我目前的情況或幫不上忙。當我們需要具體建議時，最好向了解自己且具有能提供協助的相關經驗和見識的人尋求幫助。

積極接受有益的建議，並且別再理會無濟於事的建議。對毫無用處的建議感到壓力，不過是平白消耗精神上的能量。如果旁人不顧你的意願，給你完全派不上用場的建議，那麼最好果斷避開。

為了擺脫毫無用處的想法，我總會進行一個「特殊的儀式」，那就是帶著忘掉所有後悔回憶的心情上山，將過去負面的一切丟下再回來。隨著與山漸行漸遠，心裡也產生了脫離過去回憶的感覺。不一定非要爬山，只要能透過某種行動摘去心中負面的想法，就是安定情緒的好方法。

## 用絕對的標準衡量

想要過濾毫無用處的建議，必須根據絕對的標準進行理性思考。以準備考試為例，如果你正煩惱近來實力似乎不見提升，就必須從可精準量化的指標來分析情況，例如一天實際的學習量有多少、依照目前的學習速度，在考試前能消化多少內容、目前的學習方法是否有助於提高分數等。至於旁人的建議能否改善目前的問題，也應依據可量化的指標進行判斷。

## 別猶豫，想做就去做

「要就考司法考試啊，為什麼選擇賺不到什麼錢的行政考試？」

在我準備行政考試期間，以及通過行政考試後，經常聽見旁人對我這麼說。學習什麼是個人的決定，千萬不可因此動搖。擇你所愛，愛你所擇，別因為那些話感到失意。

在決定未來出路或在學習過程中，如果對自己選擇的道路缺乏信心，必定難以走向康莊大道。務必要堅定自己選擇這條路的原因，並時時檢視目前的學習方法是否對這個出路有所幫助。

# 36 環顧周遭❷ 練習切割情緒，更能專注於學習

在日常生活中，我們不僅消耗體力，也消耗情緒。平時雖然感受不到情緒的消耗，但是在與異性朋友分手或無意間聽見他人對自己的批評時，這些事件使我們感受到劇烈的情緒波動。尤其學習時壓力較大，神經變得更敏感。一點微不足道的小事或朋友無意間的一個舉動，都可能使人怒火中燒。妥善解決這樣的情況，也是提高學習成效的方法之一。

## 明確掌握情緒產生的時機

越往負面方向想，越容易使我們陷入負面的情緒中。假設我正在準備註冊會計師考試，

而許久未見的朋友告訴我：「你在準備註冊會計師考試？那個考試很難哎……我身邊幾乎沒有人通過那個考試。」這句話可能會在心裡掀起波瀾。「為什麼他要跟我說那些話？是覺得我考不過嗎？」當這種想法盤據在心中，必定使人心情大受打擊，怎麼也看不下書。

**當負面想法出現時，必須先找出這個想法的根源。**它們其實大多源於微不足道的小事。例如上個段落的情況，不過是許久未見的朋友無心丟出的一句話。考試困難且身邊通過的人極少的說法，只是那位朋友從他有限的經驗中提取出的想法。如果是許久未見的朋友，自然不可能知道我目前有多努力學習。那不過是他隨口說出的一句話，但是缺乏自信的我，卻把這平凡的一句話想得太「嚴重」了。

## 情緒波動只會使你一無所有

同樣是上述的情況。如果因為朋友的話受傷，一、兩週都無心學習，最後蒙受損失的只會是自己。既無法向那位朋友要求損害賠償，那位朋友也沒必要賠償。消耗波動的主體是我，因此受害的也是我自己。「沒有人能補償我受到的損失。」這句話聽起來理所當然，但是在「情緒波動」時，並不容易冷靜思考。

對於朋友所說的「我身邊幾乎沒有人通過那個考試」，不必想成是朋友認為我考不上，也許朋友想說的是「我身邊的朋友都說難的考試，你要更努力準備才可以」，這麼想可以讓心情釋懷一些。反正終歸要學習，在心情平靜的狀態下學習，效果當然更好。

## 放棄現在辦不到的事

在情緒波動的情況下想要平復心情，最好將現在辦不到的事情和辦得到的事情區分開來，果斷放棄辦不到的事情。假設在考試前一天，朋友告訴你：「我看到你的女朋友和別的男人在一起。」你趕緊打電話給女友，但是女友並未接電話。打了數十通電話後，女友終於接起電話，然而話筒那端傳來的卻是「我們分手吧」。你抓著電話和女友吵了兩、三個小時，結局依然沒有改變。

正想去圖書館準備考試，已經是晚上十一點，而明天的考試是上午九點。這種情況當然無法全心準備考試。但是就算不學習，女友也不會回到身邊。隔天雙方心情穩定後，也許還能再提復合，但是既然都能在電話中爭吵不休了，重新復合也只是讓情緒波動更劇烈。

和女友談重新復合，正是「現在辦不到的事」。隔天上午九點考試的結果，將會因為你現在如何學習而有所不同。準備考試才是「現在辦得到的事」。就算整夜不睡，也得趕緊全力準備考試，至於「現在辦不到的事」，就留待日後解決吧！

## 對負面情緒淡然處之

在情緒波動的情況下勉強壓抑負面的情緒，反而會造成負面效果。因為越是壓抑，負面情緒越強。想考出好成績的心越強烈，不安感越強，越可能搞砸考試。同樣地，在情緒尚未調整好的狀態下，滿心只想著趕走情緒本身，反倒可能使該情緒加強。其實壓抑情緒的行為，恰好證明了這個情緒對自己極其重要。

與其那樣，倒不如看淡憤怒、挫折等負面情緒，並且努力專注在自己該做的事情上。該如何看淡情緒？看淡的意思是「無心思考」，只要不去關心自己心中浮動的情緒，就能淡然處之。對情緒置之不理即可，別試圖壓抑情緒，也別想深入了解情緒。情緒歸情緒，自己則找出該做的事情。

我在情緒低落時，習慣出聲提醒自己該做的事情。像是「啊，要洗碗了」、「啊，對了！忘記今天要背英文單字了。先背單字再說吧！」，並立刻起身行動。如此一來，便能遠離負面情緒。

我曾經想過：「如果人心是由數個房間組成，只要關上某個房間的門，就能讓房中的各種想法和情緒從腦海中消失，那該有多好？」想要克服情緒波動的情況，必須練習切割情緒。**所謂「情緒切割練習」，是試著將各種情緒一一放入不同房間內，當某種情緒過於強烈時，立即關上該情緒的房門**。我一開始練習時也相當痛苦，不過在大量練習切割情緒後，已逐漸能控制情緒的分離。在電影《春風化雨》（*Dead Poets Society*）中，有句台詞是「carpe

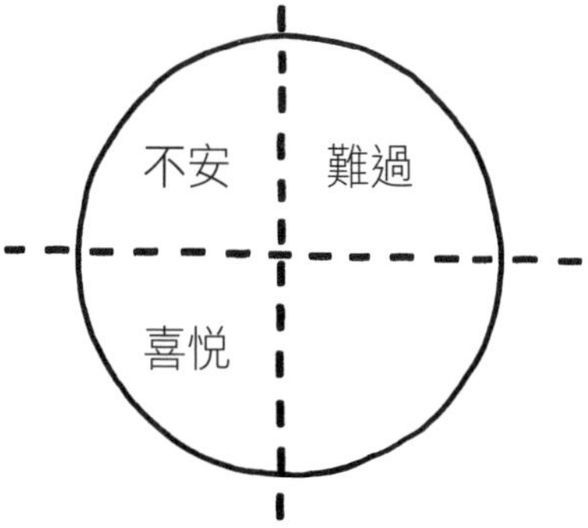


情緒切割練習

diem」。這句話是「活在當下」的拉丁語，意思是別受限於執著或對未來的不安等情緒，做好目前該做的事情。我認為，這正是「情緒切割練習」的起點。

## 往事已成追憶

其實經過一段時間後，再回頭看這些曾經令我們情緒波動的原因，大多都已成為「回憶」。例如在公司被上司訓斥、與異性朋友分手等，這些事件儘管造成當時情緒的劇烈波動，然而數年後重新回想，通常能一笑置之，「當時真傻。」如果你正經歷劇烈的情緒波動，不妨把眼光放到未來，重新回想現在的情緒，就能發現這些不過是微不足道的小事。覺得目前情緒的波動相當劇烈嗎？時過境遷後，這些都不再重要了。只要這麼想，就能稍稍減緩目前情緒的波動。

# 37 放眼世界❶ 學習沒有早晚之分，任何年紀都適合

究竟學習的時機是否重要？從結論來說，我認為學習沒有早晚之分。但是因為這個世界常以年齡來定義該做的事情，並以此評價我們，所以堅持這樣的態度確實不容易。不少職場人擔心，「我現在才開始，不會太晚了嗎？」就公務員考試而言，年紀輕輕考上公務員，並不因此受到不平等對待，而高齡考取公務員，也不會有任何不利。

和我一起在研修院接受教育的同期生中，也有一位比我大十二歲的大哥。這位大哥原本從事其他行業，很晚才開始準備考試。然而他在其他行業中累積的經驗，對他適應職場生活幫助甚大。曾經有和他一起工作數個月的機會，這位大哥頗受上司和同事的歡迎，再怎麼困難的任務，也能輕鬆提示解決的方向。看著這位大哥，我明白了「不可輕忽經驗」的道理。

也有人在外商保險公司工作二十五年，在年屆花甲之際通過首爾市九級行政職考試，並

將這段經驗寫書出版。《公務員合格：自信滿滿學習法》一書作者權浩鎮（音譯）在通過考試後，進入首爾瑞草區廳擔任菜鳥公務員。該書序文寫道，儘管旁人紛紛勸他兩年後即可退休，何必辛苦準備公務員，他的回答是：「我之所以挑戰只有兩年左右的公職生活，是因為我想為公共事務付出一點自己的能力。」

比時機更重要的，是人生的階段。我們到了某個年紀，總是以大眾認為這個年紀該有的成就與自己相比，並以此評價現在的自己。「最近大峙洞*高中生的英文程度都這樣。」「大學生找工作，多益至少要有○○分吧！」「這個年紀考醫學院，好像太晚了吧？」「現在重考還有什麼用？」其實沒必要將自己的人生和這些標準綁在一起。重要的是「我的每一個人生階段該學習什麼」，並且按照這個節奏學習。

按照人生計畫一步步完成各個階段的學習，對自己的人生才有幫助。如果你認為從小學到大學畢業學習了二十餘年，卻仍一無所獲，那是因為你的學習並不符合自己的人生階段。應先了解自己目前的情況，掌握自己需要的學習，接著再思考要學習什麼。

我在租稅審判院工作時，一邊準備不動產經紀人考試，也是因為這個想法。可能有人會問：「已經通過行政考試的人，為什麼要考不動產經紀人？」但是這是我為了人生計畫和信念而準備的證照。在租稅審判院處理稅金相關的糾紛時，經常接觸到與不動產相關的用語，我認為必須充分具備背景知識，才能更合理地調查與處理案件。考取不動產經紀人證照後，單憑我擁有證照這個事實，就能在處理不動產相關案件上更有受重視。我甚至想過在退休後，自己開一間房地產公司。退休後如果不願接受前官禮遇**，想白手起家的話，必須擁有某些專業技能才行，這樣的想法也促使我開始準備不動產經紀人考試。

不知道是不是因為我考過不動產經紀人證照才那樣，我在找房子的過程中，每次與從業中的不動產經紀人交流時，總會詢問他們實際從業的感受。其中一人告訴我：「我原本在家顧小孩，年紀大了才開始準備考試。也許是因為好不容易才考到的證照，每次與客戶簽約時，都覺得特別開心，又可以賺錢。」

**在必要時懂得主動學習，才是「學習時真正重要的能力」。唯有具備願意客觀評價自己的勇氣、能充滿活力學習的健康狀態、懂得規律管理生活的態度，才能在真正需要時達到最**

* 位於首爾江南的著名補習街。
** 指曾經任職於公家機關的公職人員，退休後依然受到職場後輩禮遇，甚至在公家機關中掌握影響力的文化。

好的學習效果。

近來社會快速變遷，必備的知識也不斷翻新。比起早別人一步累積知識，更重要的是培植快速度掌握知識的能力，以便在必要時派上用場。

這個世界告訴我們的適合學習的時機，對我們的人生並不重要。當你覺得已經太晚了，就得加快行動速度；當你覺得太早了，也請及早完成，留給自己充分休息的時間。只要你想學習，任何時候都是「好時機」。

# 38 放眼世界❷ 升上主管，也要懂得如何退場

我在擔任隨行祕書時，「喪家」是我最常出差的地方之一。在韓國想要維繫人脈，勤跑婚喪喜慶必不可少。地位越高，人脈越廣，必須維繫關係的人也越多。我以隨行祕書的身分四處拜訪喪家，得以見到形形色色的人。

人們前往喪家的目的自然是為了悼念亡者，但是這個原因並不足以驅使人們前往喪家。韓國有句俗話說：「宰相死狗，賓客滿堂；宰相一死，門可羅雀。」前往喪家的目的，更是為了在上級面前表現自己，順道問候對自己有幫助的人。從這個意義來看，喪家其實是高度政治性的空間。亡者死後放下了一切「名利」，而生者為了「名利」頻頻前往喪家。

任何人都有力爭上游的欲望。全班第一名、全校第一名、數理競賽冠軍、名校畢業、人人稱羨的工作……沒有人不渴望得到這些。在學習方面，我幾乎達到了所有人渴望的目標。

高中全班第一是最基本的，還連續三年拿下全校學業成績第一，應屆考上首爾大學經濟系。在大學期間，我也曾經對未來感到茫然而虛度光陰，不過後來通過行政考試，總算沒有辜負母校。從結果來看，我達到了不少成就，並且我也不斷努力在社會上力爭上游。

不過並非往上爬就能解決所有問題。爬到高處，總有一天要往下走。在職場中升遷到較高的位置，總有一天還是得離開這個位置。過去退休時間和離開人世的時間差異不太，六十歲退休後，多在七十歲前後離開人世。前官禮遇的文化也相當發達。在職場爬到主管的位置，退休後的幾年內仍會有晚輩寒暄問暖。退休後，身分雖然是前社長、前部長、前理事長，不過晚輩依然稱呼他們社長、部長、理事長，他們也以社長、部長、理事長的身分度過餘生。在這個結構下，不是無條件往上爬，所有問題就能解決。上頭永遠有上級存在。

但如今不同了。以公務員文化來說，無論你升遷到什麼職等，退休後一概是退休公務員。二〇一五年，在「禁止不正當請託及收受財物法」（俗稱金英蘭法）施行後，退休後幾乎無法干涉業務上的請託關說。雖然還不能說前官禮遇文化已完全消失，但年輕世代普遍不認同前官禮遇，而這種態度未來也將持續下去。儘管平均壽命逐漸提高，然而退休時間依然不變。離開人世的時間和退休時間的差距，正逐漸拉開。我們必須思考退休後的生活方式，因為退休後的生活必然與職場生活大不相同。

**升到主管的位置，也得知道如何下台。勇往直前的時代已經結束。每升遷一次，就得審慎思考「下台的方法」。**

我之所以沒有說過我在十二年的公職生活中，一次也「沒有」升遷或「沒能」升遷，是因為我確實有一次升遷的機會。那是在我結束將近一年半左右的部長隨行祕書職務後，正進行業務交接時。人事課長說我是升遷審核對象，值勤成績的排名相當高，應該會有不錯的結果。我還記得他說當時剩下一個前往美國留學的名額，建議我申請看看。

這些福利可以說是勞累的業務工作換來的代價。在公務員圈子中，部長隨行祕書是必須從清早工作到深夜，沒有週末可言的工作，所以通常業務結束後，會給予升遷、留學等福利。就這個標準來看，升遷和留學機會理所當然是我應得的福利，但是我在這些福利前猶豫了。

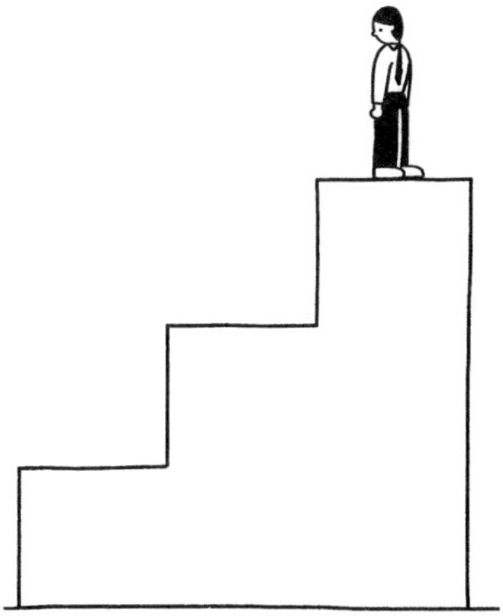

該如何下台？

「我真的有資格接受這些福利嗎？」

當錄取名校、入職大企業、升遷主管等晉升的機會來到面前時，人們總是想將它緊緊抓住，卻鮮少有人思考過抓住之後可能發生的狀況。無論如何，先抓住再說。這種態度在過去還行得通。只要考進名校，到大企業上班，再一路向上升遷，所有問題都能迎刃而解。

如今這種「以晉升為主的方式」，對個人成長幫助有限。**在現今社會，先了解晉升與下台的方法後，再做出選擇升遷的決定，會是較為明智的辦法。**我最終沒有接受升遷和留學，因為我還想利用事務官的身分做其他事，也不希望還沒有準備好就去留學，虛度光陰後才回來。

雖然沒有選擇升遷和留學，不過我拜託人事課長，請他幫我打聽轉往租稅審判院的方法。當時我對稅金頗有興趣，不僅在大學主修經濟學，之後上班期間也學過會計和財務。在我學習各類知識的過程中，發現自己最不擅長的就是稅金相關知識。從事租稅相關業務時，也希望補足過去疏忽的法學知識。而能夠補足我有限知識的地方，正是租稅審判院。所以我一直尋找可以調往租稅審判院的機會，當時也正好有位同事願意調換，因此我得以轉入租稅審判院。

如果你想爬到更高的位置，在此之前必須問問自己：為什麼想往上爬？往上爬之後想做什麼，而那件事對自己有何價值？目前是否有能力做好那件事？如果沒有，該如何培養能力？在升遷後，也請先思考自己可能在什麼時間點、以何種方式下台，對此預做準備。

如果不希望在升遷後忽然墜落，就必須知道下台的方法。越是成功的人，越不了解下台的方法，在最後一刻一敗塗地。這個世界大概是這樣維持公平的吧！

結語

# 工作再忙，也要靠學習提高生命密度

不久前，我接受了綜合健康檢查。檢查結果顯示，身體許多部位正發出警告。膽固醇指數相當高，血糖也偏高。醫生要我務必改掉愛吃辣、吃鹹的習慣，運動時間也必須增加。

在二十多歲那段時間，通宵玩樂也沒有問題，再怎麼吃也不影響身體健康，如今已經到了要管理好飲食、睡眠和平時生活，避免重大疾病發生的年紀了。不但得規律運動，還得定期接受健康檢查，就連我喜歡吃的辣炒年糕、香腸、碳酸飲料，都必須特別注意。一想到我已經到了「必須管理好健康的年紀」，確實有些難過。但反過來想，這也代表我的身體沒太大問題。目前只要多加留意，就能維持健康的狀態，想來也並不壞。我還有機會抓住健康。

**是的，我們還有機會。我在成為職場人後開始學習，也是因為切身體會到改變的機會。**

我利用閒暇時間閱讀，一點一滴努力提高自己生命的密度。多虧於此，每次與許久未見的朋友見面，總能以新的面貌出現在他們眼前。未來，我也想繼續帶給他們新的好消息。本書的出版，對我個人也是一個令人喜悅的消息。

希望讀者能透過本書發現改變的機會，也希望讀者利用這個改變的機會，創造屬於自己的好消息。當然，這無法一蹴可幾。要創造一個微小的好消息，需要大量的思索和努力。

為了撰寫本書，我也閱讀了數百本書籍，絞盡腦汁思考如何呈現。多虧撰寫過程中許多人的幫助，使這本書的內容能夠扣緊主題，並且具備清晰明瞭的架構。

# 參考書目


- 兒玉光雄（2017），《啟動考試腦：簡單、實用而且科學！菁英都在用的高效讀書法》，晨星。（繁中）
- 權浩鎮（2016），《公務員合格：自信滿滿學習法》，路上書。（韓文）
- 金美賢（2017），《14歲之前，打造學習腦》，Medicimedia。（韓文）
- 西野精治（2018），《最高睡眠法：來自史丹佛大學睡眠研究中心【究極的疲勞消除法】×【最強醒腦術】全世界菁英們都在進行的「睡眠保養」》，悅知文化。（繁中）
- Neal Roese，《*If Only: How to Turn Regret Into Opportunity*》，Bantam Dell Pub Group。（外文）
- Mark Tigchelaar，《*Gain More from Your Brain: Speed Reading, Memory Techniques and Mind-Mapping*》。

- 麥爾坎．葛拉威爾（2009），《異數：超凡與平凡的界線在哪裡？》，時報出版。（繁中）
- 茂木健一郎（2009），《用腦，要用對方法！大腦變快樂，你就變聰明！》，時報出版。（繁中）
- 艾德勒．范多倫（2003），《如何閱讀一本書》，台灣商務。（繁中）
- 徐憲江（2017），《哈佛時間管理課》，中國法制出版社。（簡中）
- 史蒂芬．蓋斯（2015），《驚人習慣力：做一下就好！微不足道的小習慣創造大奇蹟》，三采。（繁中）
- 方洙正（2017），《用心休息：休息是一種技能——學習全方位休息法，工作減量，效率更好，創意信手拈來》，大塊文化。（繁中）
- 山口佐貴子（2018），《你的大腦很愛這麼記！》，方言文化。（繁中）
- 和田秀樹（2019），《50歲的學習法》，天下文化。（繁中）
- 吉田隆嘉（2011），《塑造天才腦的學習必勝寶典》，商周出版。（繁中）
- 宇都出雅巳（2018），《零秒速讀法：打破「精讀」幻想，教你跳躍閱讀、高效率的讀

書法！》，世茂。（繁中）

- 尹恩英（2016），《改變腦的學習法》，韓國腦機能開發中心。（韓文）
- 李俊求（2014），《個體經濟學》，法文社。（韓文）
- 池田義博（2018），《日本腦力錦標賽五冠王「超高效記憶術」》，麥田。（繁中）
- 李洞宰（2017），《李洞宰考試的技巧》，Wimeseu。（韓文）
- John Calvin Maxwell(2017），《*No Limits: Blow the CAP Off Your Capacity*》，Center Street。（外文）
- 喬恩．阿考夫（2018），《完成：把不了了之的待辦目標變成已實現的有效練習》，天下雜誌。（繁中）
- 韓鎮奎（2016），《睡眠平衡》，Dasanlife（韓文）

翻轉學　翻轉學系列 039

# 下班後 1 小時的極速學習攻略

**職場進修達人不辭職，靠「偷時間」高效學語言、修課程，10 年考取 10 張證照**

직장인 공부법 : 퇴근 후 1 시간 , 내일을 바꾸는 일상 공부 습관

作者　李亨載（이형재）
譯者　林侑毅
封面設計　張天薪
內文排版　黃雅芬
行銷企劃　林思廷
出版二部總編輯　林俊安

出版者　采實文化事業股份有限公司
業務發行　張世明・林踏欣・林坤蓉・王貞玉
國際版權　劉靜茹
印務採購　曾玉霞・莊玉鳳
會計行政　李韶婉・許俽瑀・張婕莛
法律顧問　第一國際法律事務所　余淑杏律師
電子信箱　acme@acmebook.com.tw
采實官網　www.acmebook.com.tw
采實臉書　www.facebook.com/acmebook01

ISBN　978-986-507-168-4
定價　350 元
初版一刷　2020 年 8 月
劃撥帳號　50148859
劃撥戶名　采實文化事業股份有限公司
104 台北市中山區南京東路二段 95 號 9 樓
電話：(02)2511-9798　傳真：(02)2571-3298

國家圖書館出版品預行編目資料

職場進修達人不辭職，靠「偷時間」高效學語言、修課程，10 年考取 10 張證照 / 李亨載（이형재）著；林侑毅譯 . – 台北市：采實文化，2020.08
288 面；14.8×21 公分 .--（翻轉學系列；39）
譯自：직장인 공부법 : 퇴근 후 1 시간 , 내일을 바꾸는 일상 공부 습관
ISBN 978-986-507-168-4( 平裝 )
1. 時間管理 2. 學習方法 3. 在職教育

494.01　109009428

직장인 공부법 : 퇴근 후 1 시간 , 내일을 바꾸는 일상 공부 습관

| | | | |
|---|---|---|---|
| 廣 | 告 | 回 | 信 |
| 台北郵局登記證 | | | |
| 台北廣字第03720號 | | | |
| 免 | 貼 | 郵 | 票 |


采實文化 采實文化事業股份有限公司

104台北市中山區南京東路二段95號9樓

**采實文化讀者服務部　收**

讀者服務專線：02-2511-9798


# 下班後1小時的極速學習攻略

**職場進修達人不辭職，靠「偷時間」**
**高效學語言、修課程，10年考取10張證照**

李洞宰 이형재——著　林侑毅——譯

**翻轉學系列**專用回函

系列：翻轉學系列039
書名：**下班後1小時的極速學習攻略**

**讀者資料（本資料只供出版社內部建檔及寄送必要書訊使用）：**

1. 姓名：
2. 性別：□男 □女
3. 出生年月日：民國 年 月 日（年齡： 歲）
4. 教育程度：□大學以上 □大學 □專科 □高中（職） □國中 □國小以下（含國小）
5. 聯絡地址：
6. 聯絡電話：
7. 電子郵件信箱：
8. 是否願意收到出版物相關資料：□願意 □不願意

**購書資訊：**

1. 您在哪裡購買本書？□金石堂 □誠品 □何嘉仁 □博客來
   □墊腳石 □其他：__________（請寫書店名稱）
2. 購買本書日期是？_____年_____月_____日
3. 您從哪裡得到這本書的相關訊息？□報紙廣告 □雜誌 □電視 □廣播 □親朋好友告知
   □逛書店看到 □別人送的 □網路上看到
4. 什麼原因讓你購買本書？□喜歡學習類書籍 □被書名吸引才買的 □封面吸引人
   □內容好 □其他：__________（請寫原因）
5. 看過書以後，您覺得本書的內容：□很好 □普通 □差強人意 □應再加強 □不夠充實
   □很差 □令人失望
6. 對這本書的整體包裝設計，您覺得：□都很好 □封面吸引人，但內頁編排有待加強
   □封面不夠吸引人，內頁編排很棒 □封面和內頁編排都有待加強 □封面和內頁編排都很差

**寫下您對本書及出版社的建議：**

1. 您最喜歡本書的特點：□實用簡單 □包裝設計 □內容充實
2. 關於商業管理領域的訊息，您還想知道的有哪些？

______________________________

______________________________

3. 您對書中所傳達的內容，有沒有不清楚的地方？

______________________________

______________________________

4. 未來，您還希望我們出版哪一方面的書籍？

______________________________

______________________________

翻轉學

翻轉學